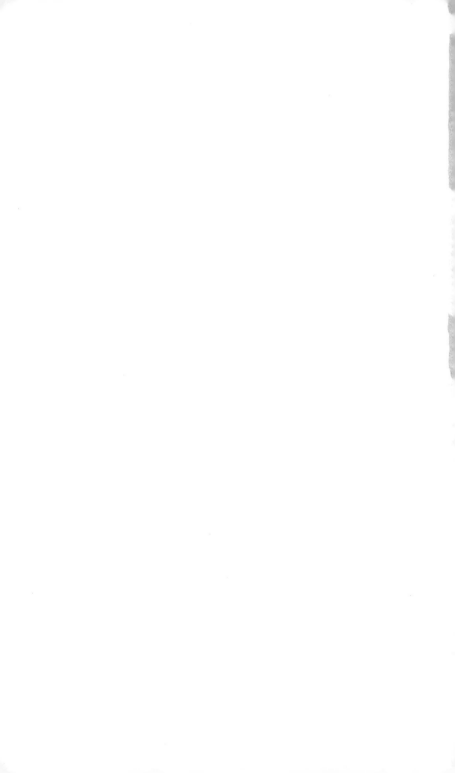

101 RUMS
TO TRY BEFORE
YOU DIE

一生必喝的
101款朗姆酒

[英] 伊恩·巴克斯顿————著

濮阳荣 杨姗姗————译

台海出版社

北京市版权局著作合同登记号：图字：01-2021-3965

图书在版编目（ＣＩＰ）数据

一生必喝的101款朗姆酒 ／（英）伊恩·巴克斯顿著；
濮阳荣，杨姗姗译. -- 北京 : 台海出版社，2021.8
书名原文：101 Rums to Try Before You Die
ISBN 978-7-5168-3084-0

Ⅰ．①一… Ⅱ．①伊… ②濮… ③杨… Ⅲ．①蒸馏酒
—世界—普及读物 Ⅳ．①TS262.3-49

中国版本图书馆CIP数据核字（2021）第157894号

一生必喝的 101 款朗姆酒

著者：（英）伊恩·巴克斯顿

出 版 人：蔡 旭　　　　　　　封面设计：Edge_Design
责任编辑：员晓博

出版发行：台海出版社
地　　　址：北京市东城区景山东街20号　邮政编码：100009
电　　　话：010-64041652（发行，邮购）
传　　　真：010-84045799（总编室）
网　　　址：www.taimeng.org.cn/thcbs/default.htm
E - mail：thcbs@126.com

经　　销：全国各地新华书店
印　　刷：三河市天润建兴印务有限公司
本如书有破损、缺页、装订错误，请与本社联系调换

开　本：889毫米×1194毫米　　1/32
字　数：196千　　　　　　印　张：7
版　次：2021年8月第1版　　印　次：2021年9月第1次印刷
书　号：ISBN 978-7-5168-3084-0

定　价：78.00元

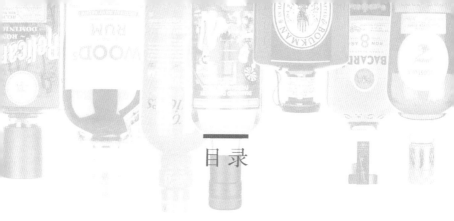

目 录

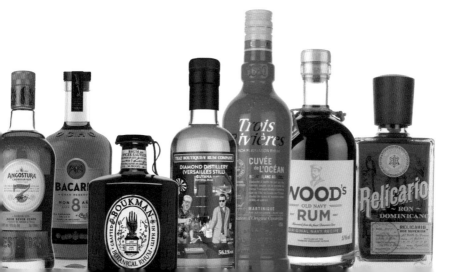

引言

　　也许是辛辣的口感，也许是刺鼻的气味，又或许是残留的甘蔗渣[1]发出的轰轰声，总之，属于朗姆酒的时代正在到来。朗姆酒在经历了几个世纪的低迷之后，再度流行起来。

　　不管怎样，不可否认的是，五花八门的朗姆酒常常让人摸不着头脑，原因在于其分类方式多样，没有一个统一的标准。比如说，英式、法式以及西班牙式，你更钟情哪一种？你用颜色来区分朗姆酒吗？就像有的人喜欢白朗姆或银朗姆，有的人偏爱金朗姆或黑朗姆。对于加糖这个令人苦恼的问题，你的选择是什么？你想要甜的还是苦的？

　　只有加勒比海地区才生产朗姆酒吗？如果不算上奥克尼繁茂的甘蔗地，事实上，几乎所有生长甘蔗的地方以及不少从未种植甘蔗的地方都生产朗姆酒。先暂停一下，让我们为接下来这大片的美妙地区做好准备。这些地方包括：加勒比海地区、中美洲和拉丁美洲、加拿大和美国、非洲大部分地区、澳大利亚、印度、印度洋上的岛屿、日本、菲律宾、尼泊尔、泰国、欧洲部分地区、英格兰以及美丽的苏格兰。并且，就目前而言，我可能漏了不少好酒（如阿尔巴尼亚朗姆

1　朗姆酒蒸馏后留在蒸馏器里的液体。

酒）。朗姆酒制造业曾是新英格兰地区最大的产业。朗姆酒产地分布于世界各地，这是朗姆酒的魅力之一，正如我们将要谈到的，这也是它面临的挑战之一。

接下来是蒸馏器的问题。有的人推崇壶式蒸馏器，有的人推崇传统塔式蒸馏器，现代多塔式蒸馏器也在选择之列。或者，你可以像许多人那样，将不同蒸馏器生产的朗姆酒混合在一起。何乐而不为呢？混合而成的朗姆酒味道也不错。虽然大多数朗姆酒的原材料是糖蜜，但是如果这本书在法国出版，我们就会默认生产朗姆酒的原材料是新鲜的甘蔗汁。奇怪的是，尽管进行了一些小型实验，大部分人依旧不认为甜菜酒属于朗姆酒。

甘蔗也被用来生产卡沙萨酒（有时又叫作巴西朗姆酒）、克莱林朗姆酒（原产于海地）、次白兰地酒（产于南美安第斯山）、亚力酒（原产于亚洲，蒸馏过程中可能会加入大米和其他添加物）以及甘蔗酒（原产于菲律宾）。我不是一个正统主义者，这些酒类在英国很少见，除了克莱林朗姆酒，其他都不在本书的讨论范围之内。对于朗姆酒发烧友来说，香料朗姆酒简直是个噩梦，避之不及，我们还是不讨论为好。

为什么要避而不谈呢？香料朗姆酒可以说是伟大的传统饮品之一。如今，最受欢迎的朗姆酒饮料都是在香料朗姆酒的基础上进行了发挥。而且，流行的香料朗姆酒品牌还可以将酒界新人带入烈酒的大千世界。朗姆酒是经典鸡尾酒的关键成分，如果你愿意像那些最冥顽不化的人一样接受这样一个事实，那么一些评论家对香料朗姆酒的负面看法便更不值一提了。当然，你将会发现本书中列出了不少上等香料朗姆酒品牌，但却少了摩根船长（英国朗姆酒品牌）。

进入21世纪后，人们对原产于海地的传统香料农业朗姆酒或者说克莱林朗姆酒进行了改良，从而发明了本书中最有意思的朗姆酒之一（参见第21款酒：布克曼）。等这本书出版的时候，这种朗姆酒就会出现在英国市场了。

虽然本书不是写给正统主义者的，但是令他们感到欣慰的是，我区分了不同风味的朗姆酒。优质朗姆酒富有多种口感，似乎没有必要在此列举诸如樱桃、枸杞和咖啡口味的朗姆酒。如果你想要品尝各种风味的

酒品，不妨看看伏特加的货架，因为你总能在那里找到你心仪的饮品，请远离朗姆。

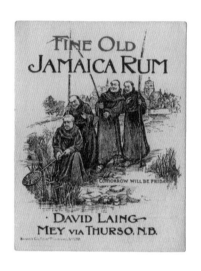

　　我无法拒绝一款贴着优秀凭证的菠萝味朗姆酒，其配方来自查尔斯·狄更斯。据我所知，狄更斯从未称赞过咖啡味朗姆酒。如果博兹（狄更斯的笔名）可以接受"热菠萝风味朗姆酒"，那我当然也能接受。

　　在我的酒单中，我尽量收录不同风格、原产地、颜色和风味的朗姆酒。我认为优质朗姆酒并不需要和可乐混合在一起（事实上，我真希望你们不要这么做）或者加进鸡尾酒中（尽管如此调制的一些鸡尾酒确实让人唇齿留香），就像享用干邑白兰地或苏格兰威士忌一样尽情享用朗姆酒吧。

　　实际上，这是朗姆酒迅速流行的部分原因。越来越多的威士忌爱好者，特别是那些过去钟爱单一麦芽威士忌的人不再钟情于威士忌，原因在于威士忌正受到越来越多追求时髦的青少年的追捧。随着威士忌越来越流行，其需求在不断上涨，价格也随之攀升。而且，缺乏储藏条件成熟的仓库、愈发奢华的包装（更别说俗气的包装了）等也加剧了这一趋势。许多生产商为了支持无年份申明而不再标明陈年的年份，但这一举

动并未被广泛接受。一些传统威士忌爱好者开始寻找集风味、传统和价值于一体的酒类，那曾是苏格兰威士忌的精髓所在。

　　尽管发现得很晚，但终于有许多人意识到，朗姆酒可以和多种口味组合在一起，绝不仅仅是可乐。故而人们开始探索和品尝大量优质朗姆酒，造就了一批性价比极高的朗姆酒。话虽如此，但一些危险的迹象表明，某些酿酒厂（或其营销部门）已经将他们贪婪的目光投向了威士忌的价格。虽然朗姆的价格上涨趋势令人担忧，但很难在市场上找到一瓶售价超过1,000英镑的朗姆，限量纪念版除外。目前，英国市场上没有哪一款朗姆酒售价超过3,500英镑。你甚至可以用不到1,250英镑的价格买到哈瓦那俱乐部马西莫至尊朗姆酒（第49款酒）。这是本书中价格最高的朗姆酒，我事先替你们尝了尝，味道还不错。

　　的确，1,000英镑可以做很多事，买一瓶格洛格酒更是不在话下。但是，看一下这种情况：一瓶60年的单一麦芽威士忌，如格兰花格的售价约为15,000英镑；一瓶1926年的帝摩的售价为50,000英镑；而一个麦卡伦六大支柱系列（一般是六瓶装，装在莱俪酒瓶里）近期售价将近100万美元。相比之下，产于马提尼克岛的1929年巴利农业朗姆酒的售价不到2,000英镑，一壶20世纪60年代的皇家海军朗姆酒售价仅为350英镑。

　　然而这种情况不会再发生了。眼光独到的投资者们看到了朗姆酒的商机：年份瓶装酒开始亮相主流在线拍卖网站，价格也在不断上涨。如果你想加入这个行列，不妨留意这几个品牌：J.雷&侄子（牙买加）、森莫路尼（意大利）、卡罗尼（英国）、莫兰特港（海地）、乌特夫拉格特（圭亚那）、朗庞得（牙买加）和巴班库特公司早期生产的瓶装朗姆酒。

　　好消息是：不少优质朗姆酒的瓶装价格低于100英镑。事实上，售价在30英镑到50英镑之间的朗姆酒性价比也很高。

有待探索的世界

正如前文所说，朗姆酒的产地分布于世界各地，这是朗姆酒的魅力之一，同时也是一个挑战。也就是说，人们很难对朗姆酒进行统一分类，其标签内容较为混乱，甚至会导致别人对朗姆酒的成分产生误解。这是一个复杂的话题，我在下面的介绍中已经做了相当程度的简化。如果你想有一个基本的了解，那么请接着往下读；如果你没有兴致，那就直接去了解各种朗姆酒吧；如果你很了解朗姆酒，那么请深呼吸，原谅我介绍得不够深入。

朗姆酒的历史异彩纷呈（这方面的书很多），正是这个原因，我们可以将朗姆酒分为三种风格：英式、西式和法式。这与各个国家的殖民历史有关，这些话题确实引人入胜，但因本书版面有限，我不便赘述，只会在介绍个别品牌时提及相关历史背景。

另一个相伴而生的问题就是海盗。海盗和朗姆酒密不可分，很多品牌朗姆酒的历史和海盗的微妙关系即可说明这一点。我们要感谢《金银岛》以及约翰·西尔弗这一经典海盗角色的创造者罗伯特·路易斯·史蒂文森，他消除了主流文化中对海盗的误解。顺便说一句，虽然这些形象已经过时，但这本书依然具有广泛且深远的影响力。

> 十五个人争夺死人箱，
>
> 呦吼吼，朗姆酒一瓶快来尝！
>
> 其余的都被酒和魔鬼断送了命，
>
> 呦吼吼，朗姆酒一瓶快来尝！

史蒂文森仅仅提到了海盗之歌的副歌，其中死人箱的说法似乎来自死人箱岛。那是一个无人居住的小岛，也是英属维尔京群岛的一部分。

海盗黑胡子[1]用一瓶朗姆酒和一把短剑镇压了一群暴动的船员。这个故事发生在史蒂文森小说出版之后，但这恰好也说明了海盗神话的吸引力。

在一部"世界上最伟大的历险故事"的迪士尼电影预告片中，酷爱喝酒的演员罗伯特·牛顿用夸张的西部乡村口音演绎了经典海盗角色约翰·西尔弗，塑造了标准的海盗口音，并在随后促成了"国际海盗语言日"的诞生。

虽然海盗和酒之间的这种联系可能并不真实，但不可否认的是，这种联系是强有力的，且似乎不太可能消失。或许，朗姆酒与革命之间的联系更为真实可靠，尤其是美国独立战争、海地革命以及鲜为人知的1808年澳大利亚朗姆酒叛乱。然而，这并不是一本史书，所以我只会简要地概括不同地域风格的朗姆酒。

现代古巴

这基本上是对百加得和类似白朗姆酒进行描述的一种简单方法。但具有讽刺意味的是，作为英国市场上最知名的品牌，百加得是许多消费者品尝的第一种烈酒，这多少有些不合常理。百加得起源于19世纪的古巴，如今主要产于波多黎各，采用现代多塔连续蒸馏工艺，酒体轻盈剔透，口感温和，先置于橡木桶中陈年，而后颜色变淡。早期的百加得（白朗姆和金朗姆）非常适合调配酒品。凭借其与古巴的历史渊源，百加得作为聚会的首选和生活方式的象征得以推广。

百加得的销量十分可观，影响力非常大，以至于我们并不清楚是否每个饮用百加得的人都知道他们喝的是朗姆酒。

英国朗姆酒

如今，英国市场上传统风格的朗姆酒多源自加勒比海地区的英国殖民地，其口感更浓烈，糖蜜味更足，且口感因产地而异。牙买加和圭亚那的朗姆酒通常用传统的蒸馏壶蒸馏，与麦芽威士忌的蒸馏器类似。与巴巴多斯的朗姆酒相比，牙买加和圭亚那的朗姆酒酒体更丰厚、香气更

1　爱德华·蒂奇——译者注

BRAND
Sportsman

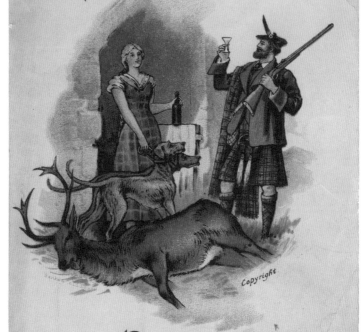

Grand Rum Liqueur

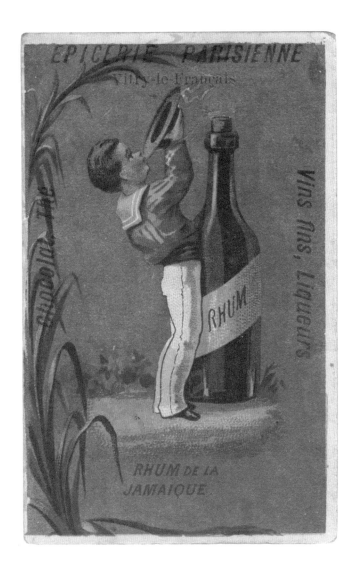

浓郁、口感更丰富。海军朗姆酒按照海军部制定的规格，由产自不同酿酒厂的朗姆酒混合而成。

西班牙朗姆酒

西班牙殖民地曾遍布西印度群岛和中、南美洲。移居国外的西班牙酿酒师带去了他们的蒸馏技术，并使用国内生产雪利酒时采用的索莱拉系统，尤其是在赫雷斯地区。因此，受西班牙影响的朗姆酒往往更甜，果味更浓，味道与白兰地类似。许多西式朗姆酒都含有一定比例的添加糖。这种做法在某些地方是合法的，而在其他地方（如巴巴多斯）则是完全禁止的。加糖这种做法越来越受到争议，且随着时间推移，常规朗姆酒厂所使用的索莱拉系统也不再是西班牙赫雷斯地区使用的索莱拉系统了。

法国朗姆酒

经典法国朗姆酒做法则完全不同，多数情况下是将发酵后的甘蔗汁置于体积更小的单柱蒸馏器中进行蒸馏。这种朗姆酒就是人们常说的农业朗姆酒，在法国很畅销。法国是朗姆酒的重要市场，这种风格独特的农业朗姆酒更是知名。大部分农业朗姆酒原产地是法属西印度群岛，特别是马提尼克岛，以及印度洋上的法国殖民地。在曾经的法属殖民地海地，农业朗姆依然保持着手工朗姆的主要风格。农业朗姆酒的味道和其他朗姆酒很不一样，甜度更低，少有甜味，带着植物的香气。如果习惯了其他风格的朗姆酒，第一次品尝农业朗姆酒可能会难以接受。

由于朗姆酒的产地非常广泛，又风格迥异，因此没有一个统一的分类方法。按颜色分类过于简单。再者，就索莱拉系统而言，朗姆酒的年份难以确定。单就这个原因，仔细研究标签就非常重要：许多使用索莱拉系统生成的朗姆酒都标注了一个醒目的数字，粗心大意或熟悉威士忌严格分类标准的人可能很容易认为那个数字就代表朗姆酒的陈年年份。但并不总是如此！另外，朗姆酒生产商很快便指出，多数朗姆酒的熟成条件使得其陈年速度明显快于威士忌。因此，相对来说，陈年朗姆酒很少见，20年或25年的朗姆酒则少之又少，50年或60年的更是罕见。

长期以来，酿酒厂一直试图加快陈年过程。在创造各种风味的同时，又能省去漫长且成本高昂的仓储过程，以获得可观的利润。到目前为止，还没有哪个酿酒厂能达到满意的效果，但有一款朗姆酒（第54款酒：失落的灵魂）可能会改变整个烈酒行业。

朗 姆 酒 的 分 类

提出一个明确的朗姆酒分类体系似乎是一项吃力不讨好且颇具挑战性的任务，但这并不妨碍人们进行尝试。也许最接近这一目标的是维利尔（一家有影响力的意大利独立装瓶商）公司的卢卡·加尔加诺，他提出了分类体系，并得到四方酿酒厂酿酒大师理查德·希尔的大力支持。加尔加诺的朗姆酒分类体系虽未得到广泛应用，但越来越多的朗姆酒爱好者开始接受和认可它。该体系面临的问题是，尽管非常准确，却不太可能得到大型国际比赛或行业巨头的认可，如帝亚吉欧和百加得。毫无疑问，他们会把这一分类体系看作是加尔加诺和希尔为谋取个人利益而制造的噱头。这样的想法不无道理。尽管如此，加尔加诺的分类方法肯定要优于按颜色分类的方法，其最大优势在于简洁明了。以下是他提出的分类：

纯单一朗姆酒： 100%纯糖蜜 批量壶式蒸馏

纯单一农业朗姆酒： 100%纯甘蔗汁 批量壶式蒸馏

单一混合朗姆酒： 100%传统塔式和壶式蒸馏朗姆酒混合

传统朗姆酒： 100%传统塔式蒸馏

现代朗姆酒： 现代/工业多塔式蒸馏

纯： 100%壶式蒸馏朗姆酒

单一： 100%单一酒厂朗姆酒

越来越多的朗姆酒爱好者开始想要知道更多的产品信息，因此，这种分类方法将来可能会流行起来。这种分类方法已经影响了其他酒类，以后也必将影响朗姆的包装和品牌推广。目前，当务之急是让消费者明白自己喝的是什么，希望这本《一生必喝的101款朗姆酒》能够有所帮助。

这本书的布局延续我之前的《一生必喝的101款威士忌》和最近的一本《一生必喝的101款金酒》。书的左边是瓶装酒的图片[1]以及该酒的基本信息和其他信息，右边是在我看来有趣、重要又特别的产品介绍。我想使我的书简单易懂，而不是过于严肃。这本书仅代表我的个人观点。正如我反复强调的那样，我们讨论的只是一种饮料。

和以往一样，没有打分也没有冗长的品酒笔记。我不知道你的喜好，我的喜好仅仅代表我的个人意见，你的意见对你来说更重要，理应如此。所以从这本书开始，试着品尝各种不同的朗姆酒吧。这就是我的初衷……

---

1 营销人员一直不停地更换标签和瓶子外观设计，他们的眼睛总是喜新厌旧。

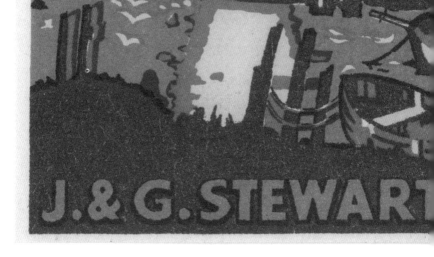

TIDE"
REGISTERED TRADE MARK
FINE OLD
JAMAICA
RUM
70° PROOF
LTD EDINBURGH

Five o'clock Rum

PRODUCE OF JAMAICA

SEA HAWK

OLD LIQUEUR

JAMAICA RUM

EVANS MARSHALL & Co.

LONDON & GLASGOW

Established 1852

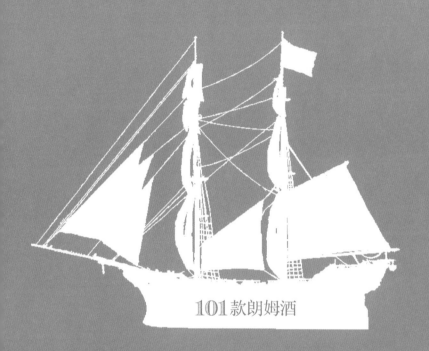

101款朗姆酒

1

海军上将罗德尼特级朗姆酒
（ADMIRAL RODNEY EXTRA OLD）

品牌所有者：圣卢西亚酿酒厂
产地：圣卢西亚岛

朗姆酒有一个可爱之处，那就是不同的朗姆酒背后会有不同的故事，这激起了我探索某个特定品牌背后故事的兴趣。

这款酒产自与迷人的圣卢西亚岛同名的圣卢西亚酿酒厂，其名字致敬了海军上将罗德尼。他是18世纪一位杰出的英国海军上将，在与法国的海战中多次获胜，被授予爵位，并获得每年2,000英镑的终身养老金。以现在的标准衡量，其身价超过2,100万英镑。由此可以看出，当时人们对罗德尼的评价非常高。

该奖励主要是为了表彰罗德尼将军在桑特海峡战役（1782年4月）中做出的贡献。这场战役阻止了法国人对牙买加这一重要殖民地的入侵，也挽救了包括圣卢西亚岛在内的向风群岛。虽然现在会觉得奇怪，但当时的人们认为英国在加勒比地区的利益比在北美13个殖民地的利益更加重要。因此，在美国独立战争期间，英国也高度重视对加勒比地区的防卫任务（北美殖民地得到了法国人的帮助）。

所以，我们不妨这么想：如果海军上将乔治·布里奇斯·罗德尼男爵没有击败德格拉斯伯爵和他的35艘战舰，圣卢西亚岛可能就属于法国了，现在我们喝的就是农业朗姆酒了。罗德尼对奖金很感兴趣（据同代人的说法，罗德尼几乎到了痴迷的程度）。这款海军上将罗德尼朗姆酒恰到好处地利用了罗德尼上将的光辉事迹。

这是一款圣卢西亚酿酒厂精心制作的朗姆酒。瓶身上写着是"特级"（Extra Old），这个词看起来有些让人怀疑其真实性，但根据我后来的调查发现，该厂所产的朗姆酒平均陈年12年。圣卢西亚酿酒厂希望将来能够推出陈年15年的朗姆酒。这是该公司的旗舰产品，也是陈年朗姆酒的典型代表，即以糖蜜为原料，采用连续蒸馏制作的朗姆酒。

这款朗姆酒虽不含糖，但却会自然地散发出甘甜的气味。在品尝美酒的同时回忆英国海军的辉煌历史（除非你读的是法语版），50欧元左右的售价绝对是物超所值。

奥乐齐老霍普金白朗姆

（ALDI'S OLD HOPKING WHITE）

品牌所有者：奥乐齐连锁超市有限公司

产地：混合

想象一下，你现在正一边看电视一边吃薯片（尽管你知道你应该少吃），一些朋友（说实话，他们并不是特别挑剔的品酒人）突然出现，想和你聊聊天。或者那是阳光明媚的一天，你正惬意地坐在花园里。

有些时候，你希望可以品尝到令人身心愉悦、味道醇厚且价格合理的朗姆酒。毕竟，你并不是每一天都想要或者需要仔细考虑所喝的饮品、品评不同朗姆酒之间的细微差别，又或者发挥你高超的鉴赏能力来享受舌尖上的美味。有些时候，你需要的只是小酌一杯。

这款酒正合你的要求。虽然它的酒精度数只有37.5%vol，但纯饮时的口感远比标明的度数强劲。在实际生活中，这就意味着你不会喝太多。还有更多的好消息：在我写作的这段时间，该酒的价格不到10英镑。还有什么理由不爱呢？

嗯，我猜你没被吸引是因为"老霍普金"这个奇怪的名字吧。不得不承认，第一次看到这款酒的时候，我很困惑，以为它是某种精酿啤酒，所以便问了他们的公关人员这个名字从何而来。通常情况下，如果公关人员不知道，他们就会含糊其词，编一些让人信服的假话。抱着这个想法，我欣然接受了公关人员的回答（我直接引用了邮件的内容）："不幸的是，当前买家继承了这个产品，所以并不知道'老霍普金'这个名字从何而来，这是一生难解的秘密。☺"

虽然该酒名字的由来成了无解的秘密，但我特别喜欢邮件里那个笑脸的表情。

请忽略这个普通的瓶子和标签，也请忽略那些看不上这种酒、讨价还价的人。如果仍有人质疑，那我不妨指出，这款酒在2016年的国际葡萄酒烈酒比赛（IWSC）中获得了一枚银牌。这是一款正宗的加勒比朗姆酒，原产于特立尼达和多巴哥。或者让你挑剔的朋友在不睁眼的情况下品尝其他三种更知名的白朗姆酒，让他们心服口服。或者告诉他们这款酒的价格不到10英镑，然后向他们展示你最灿烂的笑容。

安古斯图拉1919朗姆酒

（ANGOSTURA 1919）

品牌所有者：安古斯图拉集团

产地：特立尼达岛

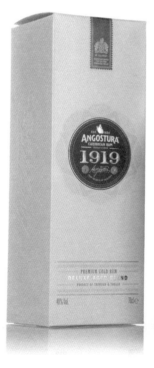

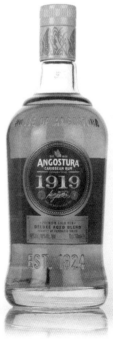

长期以来，这个特立尼达岛的生产商因高品质的朗姆酒（鸡尾酒柜里必不可少）和与其同名的苦精酒而备受推崇。该生产商已经从激烈的商业竞争中重新崛起，再次将目光转向使之成名的产品。这个名字实际上起源于委内瑞拉。1824年，在安古斯图拉镇（现玻利瓦尔城）担任西蒙·玻利瓦尔军队外科医生的约翰·戈特利布·本杰明·西格特发明出了其独有的芳香苦药。

　　后来，为了逃避委内瑞拉的惩罚性税收，西格特一家搬到了特立尼达并开始小规模生产朗姆酒。到了20世纪40年代，他们的朗姆酒事业才真正开始好转。但令人疑惑的是，这款安古斯图拉1919实际上与1932年发生的事情有关，当时政府的朗姆酒债券在大火中毁于一旦，只剩下了一些被烧焦的酒桶。费尔南德斯酿酒厂的酿酒大师费尔南德斯将这些酒桶全部买了下来。这些酒桶的历史可以追溯到1919年，因此有人认为，悠久的历史加之暴露在大火的火焰、高温和浓烟下，酒桶内产生了某些不同寻常的物质。我想告诉你，这些古老的朗姆酒桶仍然存在。

　　虽然这款安古斯图拉1919可能是为了庆祝特立尼达和多巴哥朗姆产业发展中一个非常特殊的日子而诞生，但如今这款产品只能致敬它的早期产品了。这款酒的生产采用安古斯图拉的大型五柱蒸馏装置，并在特别烘烤的酒桶中长时间陈年。至于陈年的确切年份，最常说的是8年。虽然我一直无法证实这一点，但其他消息来源表明这是由5—10年的朗姆酒混合而成的。这无关紧要，因为这款朗姆酒的熟成度刚刚好，陈年的时间并没有过久，也没有木桶的味道，酒中隐约有糖蜜的味道。

　　这款朗姆酒口感尚佳，口味丰富。最初是奶油味，但又有焦糖布丁、可可、焦糖、黄油吐司和熟香蕉的味道。这款酒不是安古斯图拉系列中品质最好的（当然他们也提供一些价格更高的选择），但我建议你可以放心购买，它一定不会让你失望的！

安古斯图拉7年朗姆酒

（ANGOSTURA 7 YEAR OLD）

品牌所有者：安古斯图拉集团
产地：特立尼达岛

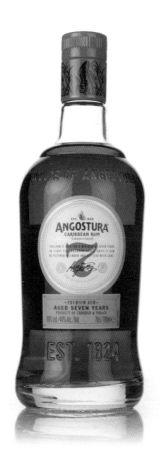

这是产自特立尼达岛和多巴哥的第二款安古斯图拉。现在我们讨论的是7年份的安古斯图拉，在装瓶之前，这款酒放置在"已使用过一次的"波本威士忌酒桶中陈年。顺便说一句，这并不是什么新鲜事，因为在此之前的所有波本威士忌酒桶都只用过一次，一个波本威士忌酒桶使用两次才叫反常，因为这在美国是不合法的。

据了解，安古斯图拉公司使用现代化的五柱蒸馏设备，以生产具有现代风格、酒体更加轻盈的朗姆酒。这没有什么问题，尤其是当他们将朗姆酒放置在高质量木桶中陈年之后。这种特级朗姆酒是国际托收的一部分，所以，如果你在岛上度假，千万不要刻意去寻找，因为当地还会提供各式各样的朗姆酒。但是如果碰巧到了那里，你可以去参观一下安古斯图拉公司。该公司位于特立尼达岛，拥有一个20英亩[1]的综合建筑群，除了公司的行政设施，还包括博物馆、艺术馆、礼堂、展销商店、葡萄酒和烈酒零售店、餐厅和为游客设置的酒店套房。

这款朗姆酒加入了令人垂涎的口味，例如枫糖、巧克力、蜂蜜和提拉米苏（或者焦糖布丁。我不敢想象那是什么味道），给人以温暖的感受，让人回味无穷，心满意足。

你可以尽情享受这款啜饮朗姆酒，纯饮或加冰纯饮都可以。同样也可以混合当代口味，将其调制成曼哈顿鸡尾酒或经典怀旧鸡尾酒。而且在20英镑以下的酒中，它的品质还是不错的。

但是如果你刚刚中了彩票，口袋里有很多钱，不妨把仅有的几款"安古斯图拉遗产"都买下来，这也是件乐事。这款安古斯图拉遗产于2012年推出，以庆祝特立尼达和多巴哥共和国成立50周年。世界上总共只有20瓶安古斯图拉（使用爱丝普蕾水晶酒瓶，每一个都配有精致的纯银瓶塞），每瓶售价2.5万美元，堪称"世界上最贵的朗姆酒"。

在阅读有关特立尼达和多巴哥的所有相关资料时，我了解到那里的学生在学期开始和结束时要朗诵他们的独立宣言。其中一小段这样写道："我的思想和言行会保持清正忠诚。"虽然这和安古斯图拉朗姆酒无关，但我很乐意与你们分享这样令人愉快的哲学。

1　1英亩约等于4046.86平方米。——译者注

阿普尔顿庄园乔伊周年纪念朗姆酒
（APPLETON ESTATE JOY ANNIVERSARY）

品牌所有者：金巴利集团
产地：牙买加

朗姆酒能有多好喝？很不错，应该说非常棒。

这款来自牙买加阿普尔顿庄园的25年混合朗姆味道好得惊人，意在纪念乔伊·斯宾塞成为酿酒大师20年。毫无疑问，这是一款世界级美酒。

所以，我的建议是：在阅读之前，赶紧上网买几瓶。这款美酒他们只生产了1,200瓶，人们甚至将其看作是一项投资。虽然我不赞成投资酒类，但我把这事告诉你们，是想让你们了解整个情况。如果酒没有升值，那也不要怪我，因为这样你就可以好好享受这款美酒了。要是你的速度够快，且足够幸运，或许可以花费不到200英镑就买到这款美酒。

乔伊·斯宾塞是酿酒界的传奇人物，是朗姆酒界少数几个担任高级职位的女性之一，也是阿普尔顿首位女性酿酒大师。这款酒于2017年初推出，以纪念她引领行业20年。她率先使用了非常古老的木桶，为我们带来了这款名为"乔伊"的朗姆酒。这款酒使用了阿普尔顿最好的陈年木桶，它由牙买加科克皮特地区生产的年份在25年和35年之间的朗姆酒混合而成。

阿普尔顿庄园是牙买加最古老的甘蔗庄园，也是持续生产朗姆酒的酿酒厂。这座庄园坐落在一个堪称朗姆酒天堂的小岛中心，有超过265年的酿酒历史。虽然这款酒的成分有着悠久历史，但它的味道尝起来依旧能给人带来朝气和活力或者说一种愉悦感。

不要把它和其他酒混着喝。这款酒适合与好朋友一起慢慢品尝，或许还会让你重新思考对朗姆酒的看法，真的好到这种程度。这款酒口感醇厚，后味绵长。酒液呈深橙色，有淡淡的意式浓缩咖啡、圣诞蛋糕和黑糖的味道。老实说，还有很多我无法解读的其他美味，这些美味如此巧妙地结合在一起。就像这款酒的品酒笔记中写的那样：这款美酒回味无穷，是真正好酒的象征。让快乐常在！

事实上，开始写这款酒没一会儿，我就放下手中的笔去细细品味这款美酒了。你也应该像我一样。

真是好酒啊，乔伊！为未来二十年干杯！

大西洋白金朗姆酒
（ATLÁNTICO PLATINO）

品牌所有者：大西洋进口公司

产地：多米尼加共和国

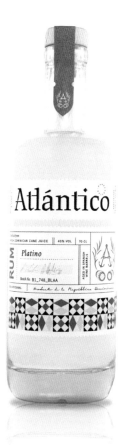

让我们从这种来自多米尼加共和国的新型白朗姆酒开始介绍。岛上的大部分地区曾被称为伊斯帕尼奥拉岛，其余部分属于海地。这家公司由在岛上拥有糖厂的前百加得高管创办，总部位于南部城市拉罗马纳，并得到了投资者和朗姆酒爱好者安立奎·伊格莱希亚斯（著名的低吟歌手）的支持。

这是一款由纯甘蔗汁制作的朗姆酒。首先在当地塔式蒸馏器中蒸馏，然后在盛过波本威士忌的美国橡木桶中陈年12个月左右，最后装进盛放过丹魄葡萄酒的木桶中。在这个阶段，朗姆吸收了木桶的颜色和风味，经过进一步滤去色，从而产出晶莹剔透的朗姆酒。虽然这个过程看起来很奇怪，但这种做法在白朗姆生产中很常见。重点在于这个过程会产生丰富的口味。

对于浓郁的香草气味，木材的作用是显而易见的，尤其是美国橡木。用这种橡木陈年过的朗姆酒质地绵密，口感柔滑，让人联想起甘油（澄清一下，我不是说他们添加了什么东西）。对于这个年份的白朗姆来说，这款酒有着难得的顺滑。正因如此，饮用时根本无须加冰。

但是，我认为这款酒作为一种调酒饮料时味道最好，比如加在著名的自由古巴（由朗姆和可乐组成，以防你并不了解）或者经典的莫吉托鸡尾酒中。这个品牌本身暗示着一种叫作"老多米尼加"的混合饮料，虽然读起来像是一款莫吉托鸡尾酒，但实际上是用少量香槟取代了传统的苏打水。我不知道你们，反正我们不会"喷洒"香槟庆祝什么，如果有一瓶香槟酒，还是好好享受为佳。不过我觉得你也可以搭配卡瓦酒一起喝。

"大西洋"刚刚上市时，售价在25—30英镑之间，对于一款白金级朗姆而言，这款酒性价比很高。这款酒不仅仅是畅销品牌，而且对消费者而言非常实惠。再者，部分销售所得用于捐赠慈善基金会，帮助当地新建学校。该公司还保证生产所用的甘蔗三分之一从当地农民那儿收购，而不是对他们来说成本更划算的大型农业企业。

接下来是他们的特别珍藏，以前叫作私人桶。

大西洋特别珍藏朗姆酒
（ATLÁNTICO GRAN RESERVA）

品牌所有者：大西洋进口公司

产地：多米尼加共和国

这是大西洋公司的顶级朗姆酒。最近，我在会计师公司品尝了这款酒，一直喝到清晨。

这瓶大西洋特别珍藏酒让我大为振奋，一直到第二天我的心情都非常愉悦。碰巧的是，我习惯喝度数很高的黑朗姆，我的会计则喜欢在朗姆里加点纯净水，大家各得其好。虽然我知道那种情况下加水更好喝，但我还是在里面加了一个冰块。

大西洋公司在标签的透明度方面做得不错，明确告知消费者该酒是用新鲜甘蔗汁和糖蜜制作，在美国威士忌酒桶中陈年，且没有标注虚假的年份信息。然而，其黑色标签的一堆小字之间赫然还写着"（焦糖）食用色素"。

或许这不是你想看到的。这几个字会告诉你，朗姆酒中加入了少量食用色素。这是在蔗糖热处理过程中所产生的，以焦糖为主的染色剂，用处在于使最终产品颜色一致。毫无疑问，其他生产商也会这样做（相比苏格兰威士忌，在朗姆酒中添加食用色素的现象更加普遍，尤其是价格较低的朗姆酒）。不过，食用色素的字样只会出现在德国市场的标签上，因为德国的法律规定厂家必须告知消费者食用色素的使用情况。虽然食用色素在整个欧盟都是完全合法的，但只有德国人坚持让顾客知情。酿酒厂坚称食用色素对朗姆酒的口味没有影响，但许多批评家否认这个观点。就我个人而言，我认为原则上不需要通过添加食用色素来掩盖原本的颜色，不如就让消费者享用不同颜色的朗姆酒。

然而，为了公正公开，我在这里补充说一点，有人说食用色素会带来微弱的苦味，但我和我的会计师都没有体会到。这款特别珍藏朗姆酒采用了索莱拉系统，即用新鲜甘蔗汁制成的朗姆酒（如大西洋白金朗姆酒）与"马耳他"（一种味道更淡、口味更丰富、由甘蔗蒸馏液和糖蜜制成的朗姆酒。我此处所说的这款酒是由多米尼加第二酿酒厂制作生产的）混合而成。

如果你喜欢奶油太妃、焦糖和枫糖浆味的甜朗姆，那么这款朗姆再适合不过了。

百加得白朗姆

（BACARDÍ CARTA BLANCA）

品牌所有者：百加得有限公司

产地：波多黎各

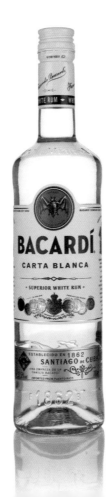

百加得在朗姆界占绝对主导地位，而且很多人喝的第一款朗姆酒就是百加得。由于要讲的内容实在太多，因此我将分成四个部分来展开进行说明，并在结尾处对产品进行总结。首先从我过去的个人经历谈起。

几年前，百加得雇用了我当时的咨询公司，来设计和建造其位于波多黎各圣胡安的卡萨百加得酿酒厂。我认为我们做得不错。该酿酒厂吸引了许多游客，为公司带来了收益。但是，自那以后我们各自发展，也没有了联系。如今，我集中精力写作。虽然已经有超过十年没有为百加得工作了，但我认为你应该知道我曾经与百加得合作过这个事实。而且是相当大规模的合作。

这个位于圣胡安的酿酒厂规模庞大，配得上其世界上最畅销的酒类品牌之一的地位。很多人品尝的第一款朗姆酒就是白朗姆，有些人甚至只喝白朗姆。人们点百加得，很有可能并不知道它是一种朗姆酒。虽然在过去几年里，百加得销售业绩良好，被视作行业的标杆。

回顾一下历史吧。百加得是一家家族私有的烈酒厂商，由47岁的西班牙移民唐·法昆多·百加得·马索于1862年在古巴的圣地亚哥创立。当时，马索购买了一个小型酿酒厂。他的三次创新颠覆了古巴朗姆酒行业：使用标准化的专有酵母，取代野生酵母；把蒸馏过程分成两部分，使得朗姆的口味更加丰富；使用木炭过滤桶装陈年朗姆酒以去除杂质，让朗姆酒的酒体变得更加轻盈剔透，口感顺滑。

但这还不是全部，请继续阅读……

百加得金朗姆
（BACARDÍ CARTA ORO）

品牌所有者：百加得有限公司

产地：波多黎各

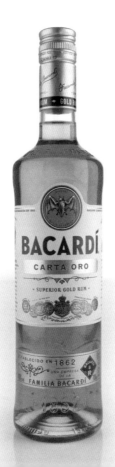

唐·法昆多显然是一个精明的商人。他采纳了妻子的建议,使用标志性的蝙蝠图案作为商标。让我们快进到20世纪20年代。美国的禁酒令极大地推动了百加得的生意,遭遇禁酒令的美国人纷纷前往古巴,使得古巴成了一个热门旅游地。百加得充分利用这次机会,邀请仍在禁酒令管制之下的美国人"来古巴畅享百加得朗姆酒"。成千上万的美国人来到古巴,巩固了古巴作为悠闲派对天堂的历史地位,这种盛况持续了20多年,在此期间百加得开始了小规模的国际扩张。

禁酒令之后,百加得家族在墨西哥和波多黎各建立了酿酒厂,由于波多黎各享有将朗姆酒出口到美国的优惠税收政策,百加得在美国市场非常畅销。

20世纪60年代到70年代,消费者开始远离烈酒,这在很大程度上促进了百加得的发展。但这段时间也是百加得公司快速发展的时期。百加得公司奠定了白朗姆在全球的领先地位。家族私有化使得该公司得以开发朗姆酒以外的其他酒类。

百加得金朗姆的历史可以追溯到公司成立之初,但常常被人们称为"金色百加得"。你可能已经猜到了,这是因为其金黄的颜色。下页继续……

10

百加得黑朗姆
（BACARDÍ CARTA NEGRA）

品牌所有者：百加得有限公司
产地：波多黎各

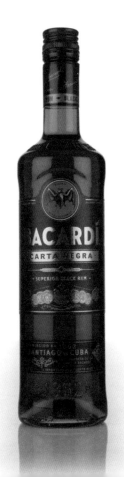

百加得淡朗姆一直以来都备受欢迎，原因在于该公司的朗姆非常适合调制鸡尾酒，尤其是自由古巴、莫吉托、戴吉利和海明威特调这样的鸡尾酒。海明威在古巴生活，是百加得的忠实客户，但后来被告知患有糖尿病，需要低糖饮食。在哈瓦那著名的佛罗里达塔酒吧和餐馆，他品尝到了这款专为自己设计的百加得。在美国，百加得朗姆酒与鸡尾酒之间的商标纠纷引发了几起著名的诉讼，结果是百加得鸡尾酒（戴吉利朗姆酒的改良）的成分受到了知识产权保护，这让百加得引以为豪。

越来越多的人开始对鸡尾酒感兴趣，这使得百加得公司获益良多，特别是在美国市场。从20世纪50年代末开始，夏威夷风饮料热潮使得淡朗姆进入了大众市场。巧妙、持续的营销，以及古巴作为派对天堂的形象让百加得成为市场上独树一帜的品牌。后来，就像某种禁果，古巴具有了一种神秘的魅力。甚至最近，为了诚挚展现自身的正宗身份和历史传承，也为了回应千禧一代的殷切期望，百加得公司将古巴血统作为营销的重点，但事实却是：该公司已近60年未在古巴进行生产。自1995年以来，以1934年流亡国外的古巴人、曾经的酿酒家族阿雷查巴拉家族的朗姆酒配方为基础，百加得开始在美国销售哈瓦那俱乐部品牌，由此也引发了百加得公司与保乐力加集团以及古巴政府之间的商标之争。

百加得的历史漫长而复杂，他们的故事仍在继续。不管你如何评价百加得朗姆酒的味道，也不管你对这种争议持何种态度（百加得公司强调其品牌古巴血统的做法引发了争议），百加得公司的非凡成就有目共睹。

原先的圣地亚哥酿酒厂以及后来建立的酿酒厂一直采用壶式蒸馏器。古巴的酿酒师们大胆创新，果断采取了塔式蒸馏技术，开创了百加得标志性的古巴淡朗姆风格。如今，在波多黎各，被尊称为"朗姆酒大教堂"的巨大酿酒厂一次可生产40,000加仑[1]糖蜜朗姆酒，而且就地进行陈年（我想补充一点，这里也是不错的旅游目的地）。虽然墨西哥、西班牙和巴哈马群岛的酿酒厂都生产百加得，且配方和流程完全一样，但百加得的狂热爱好者声称能够区分出细微差别。

1　1加仑约等于3.785升。——译者注

11

百加得8年特级珍藏朗姆酒

（BACARDÍ OCHO GRAN RESERVA 8 YEAR OLD）

品牌所有者：百加得有限公司

产地：波多黎各

让我们来总结一下上文中提到的百加得品牌朗姆酒。

百加得白朗姆：这款酒充分代表了淡白朗姆风格，通常用于混合饮料，其成分实际上比最初的产品更加复杂。两种不同风格的朗姆酒分别放在使用过的波本桶中陈年长达24个月，再用木炭过滤朗姆酒以去除杂质，最后将两者混合在一起。英国市场上该酒的度数为37.5%vol，口感顺滑，有淡淡的水果香和花香。多数人会搭配可乐，如果这符合你的口味，那无可厚非，但最好还是慎重考虑一下。

百加得金朗姆：就像淡白朗姆酒一样，这款酒经陈年后再用木炭进行过滤，保留下了独特的金黄颜色。这款酒的度数为40%vol，酒体更厚重，味道更醇厚，这就是为什么许多酒吧和餐馆都把它当成葡萄酒的原因。这款酒可能吸引不了挑剔的经典朗姆酒爱好者们，但它永远不会让人失望。

百加得黑朗姆也叫作黑色百加得。这款酒口味丰富，与一般百加得的味道不同。说唱歌手埃米纳姆在他的一首歌曲中对这款酒大为赞扬，但是未免夸得有些过头了，不禁让人心生尴尬。这款朗姆酒本身需要陈年4年，然后再加入糖蜜。味甜且浓郁，呈黑色，这也是百加得的不同之处。

百加得8年朗姆酒：这款酒的度数为40%vol（度数再高一点会更好），至少陈年8年，最久可达16年。起初，据说这款酒是家族私藏，数量非常有限，价格为400美元。今天这款酒属于你，没有奢华的玻璃瓶，但价格只需30英镑甚至更低。对于这个价格，你只需说：“谢谢，百加得先生！”然后拿出你的信用卡。

12

巴利朗姆酒2002

（BALLY MILLÉSIME 2002）

品牌所有者：马提尼克岛集团

产地：马提尼克岛

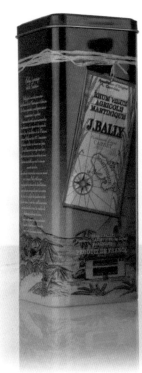
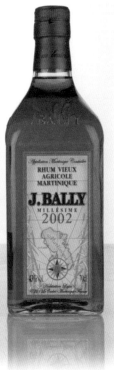

这是一款绝对经典的陈年农业朗姆酒。巴利公司自20世纪20年代以来一直在推出陈年朗姆酒（该公司时不时会推出新酒，要买到这些珍品，至少需要上千英镑）。这款巴利2002目前是可以买到的，当然你也可能买到年份更早的朗姆。顺便说一下，该公司告诉我，任何早于1924年的巴利公司的朗姆酒肯定都是假的。小心了，有人想要骗走你的钱！

这款酒产自法国大型集团马提尼岛集团的子公司必得利，产地是马提尼克岛，也是该公司最早一批用纯蔗糖酿制农业朗姆酒的酿酒厂的所在位置。这款酒还被授予了原产地标识。

据说巴利朗姆的熟成度较低，这使得该产品在装瓶之前口味更加醇厚。但是，这款酒的特点在于不含甜味。所以在花上60多英镑之前，首先你要确保自己喜欢这种风格。如果你钟爱甜型朗姆酒，那么这款酒就不是你的菜。

扑鼻而来的甜味很快转变为浓浓的巧克力味、某种蜜饯柑橘皮和木质的味道。这款酒味道丰富，绝对适合饱餐一顿后细细品味一番。

巴利最初的目标是发明一款类似优质干邑的朗姆酒，于是他在1917年开创了木桶陈年的先河，我认为这在当时是比较前卫的。1924年，第一款佳酿面市，标志性的矩形瓶不禁让人想起苏格兰威士忌的著名品牌。自那以后，这种矩形包装几乎没有发生改变，因此保留下了优雅的复古风格。奇怪的是，这种复古风格反而使得该酒在与其他品牌的竞争中脱颖而出。

最初的酿酒厂于1989年关闭，迁往西蒙酿酒厂，这也是这款朗姆酒现在的生产地。这款风格独特的朗姆酒肯定是行家所爱，它是一款标杆性的朗姆酒，性价比极高。

13

巴利白朗姆

（BALLY BLANC）

品牌所有者：马提尼岛集团

产地：马提尼克岛

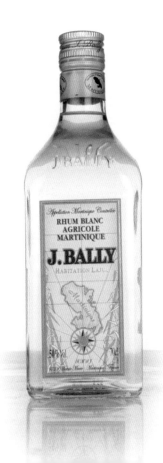

这是一款巴利农业朗姆酒的白朗姆版本。虽然我在其他地方也提到了一些陈酿品牌，但为了让大家对这种风格的朗姆酒有更深刻的了解，从这款酒开始讲起是个不错的主意。这款酒与英国人习惯喝的甜型加勒比朗姆酒截然不同，人们可能需要很长时间来适应这种迥然不同的口味。或许你会疑惑这款酒到底是不是朗姆酒，但从世界范围来看，这确实是朗姆酒。

这款酒需要细品慢饮，它的度数为50%vol。入口润滑，有青草的香气，给人以新鲜感。虽然就像许多农业朗姆酒一样，这款酒有泥土的芬芳，让人联想起农场，但余味中的水果味（威廉梨和熟透的、日晒充足的甜瓜）和淡淡的咸味中和了泥土味。作为一款新出且没有任何年份标识的朗姆酒，这款酒的口味可能比人们期望的更加复杂。

正如图中所示，这款酒产自法国马提尼岛集团（大型酿酒生产商）的子公司——必得利公司。这款巴利系列在英国市场很畅销。其实更直接的做法是尝一尝这款酒和其他陈酿，感受口味的垂直变化，体验使用木桶发酵的经典农业朗姆酒的口味演变。

可将这款酒与圣詹姆斯富佳娜朗姆酒进行比较。

除了和其他酒对比引用以外，这款酒最适合加在鸡尾酒中。因其酒精度数较高，可以掩盖你所选的其他味道。巴利的所有系列都不是很贵，在我创作的这段时间里，其瓶装价格约为30英镑。考虑到其50%vol的度数，确实是物超所值。

简而言之，这是一款不折不扣的经典之作。只要你适应了其独特的味道，这款酒就值得尝试。

不出所料，巴利朗姆酒系列在法国很受欢迎。如果朗姆酒还能继续这样受欢迎，消费者也更懂得品味，那巴利系列在英国市场肯定会变得更加出名。鉴于这款酒的传统味道和愉悦感受，你值得一试。

14

班克斯7号黄金年代混合朗姆

（BANKS 7 GOLDEN AGE BLEND）

品牌所有者：百加得公司

产地：混合

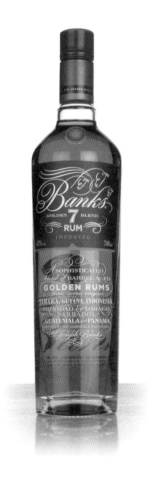

很久以前（其实是2008年），一个拥有丰富经验和人脉的饮料行业高管成立了一个叫作班克斯的精品朗姆混合和装瓶公司。他声称灵感来自18世纪英国探险家和植物学家约瑟夫·班克斯爵士的旅行。班克斯在忙碌且成功的一生中取得了很多成就，其中一个成就就是与著名的库克船长一起航行。

这个被伟大、杰出的英国科学家深深吸引的人就是阿尔诺·德·特拉布克（虽然没有记录可以证明植物学家约瑟夫·班克斯与朗姆酒有任何联系），即安古斯图拉前任首席执行官和干邑生产商御鹿公司的总裁。特拉布克曾在加勒比地区工作过一段时间。

公司成立后不久就取得了成功，推出了班克斯5号岛屿混合白朗姆和这款班克斯7号黄金年代混合朗姆酒（这么叫是因为这款酒是由来自7个国家，即特立尼达、牙买加、圭亚那、巴巴多斯、巴拿马、危地马拉和爪哇的8家酿酒厂生产的23种朗姆酒混合而成），以及一系列贴有鉴赏家认证标签的限量版。班克斯品牌越来越出名，特别是在美国的鸡尾酒俱乐部。不久，它们就引起了行业巨头的注意，并于2015年7月被百加得收购。当然，你必须了解这个行业才能知道这件事。

为什么世界上最大的国际朗姆酒品牌想要收购一家精品朗姆酒公司，特别是以高品质和价格更高的法昆多系列著称的百加得？一般来说，在酒类行业，这些大品牌无法像小品牌那样吸引意见领袖们的目光，因此他们需要（或者认为他们需要）一些东西来吸引这群变化无常的人。百加得还收购了一家小型波本威士忌酿酒厂，同时收购了一家著名的苏格兰威士忌独立瓶装公司的股份。

班克斯7号和我们习惯的百加得风格截然不同。与大多数金朗姆酒相比，这款酒不含甜味，酒体丰满。喝酒的人只是稍加点冰块，正如他们说的那样："混合其他东西不会提高朗姆酒的品质，但应该对鸡尾酒有点儿用。"

15

巴班库特15年朗姆酒
（BARBANCOURT 15 YEARS）

品牌所有者：D. 加德雷&西公司
产地：海地

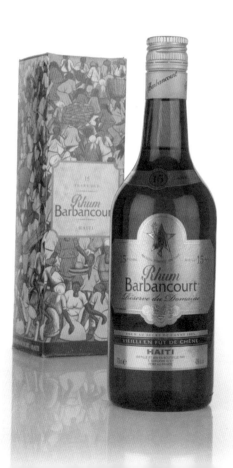

很多年前，我记得在英国《金融时报》上读到过，巴班库特是世界上最好的朗姆酒。虽然我不赞成那种简单而武断的判断，但如果你只打算品尝这里列出的一种朗姆酒，那么这款酒便是首选。我纠结的是列出8年还是15年的巴班库特，最终选择了后者，原因是后者只比前者贵10英镑。你可以花不到50英镑的钱买到一瓶，这也使得该酒成为世界上最便宜的朗姆酒之一。

这款酒在朗姆界是个传奇，我敢说在很大程度上归根于其有限的产量，而我们又缺乏对高品质海地朗姆酒的了解。1862年，流亡夏朗德地区的法国人杜普雷·巴班库特创立了该品牌。自此，他开始生产高档朗姆酒，现在已成为海地最著名的出口产品。如今，虽然酿酒厂依然是家族私有，但已从原址迁出且扩大了生产规模。

虽然没有遵循在马提尼克岛实行的原产地命名控制规则，但这款酒实质上就是农业朗姆酒。许多评论人士认为这款酒与优质干邑相似。在公司的对外宣传中，该酿酒厂也强调他们重视干邑的双重蒸馏法，从而将自身与法国明确地联系起来。

这当然是一个复杂而细致的产品，你需要细细品尝。当然这款酒也不会令你失望，它散发着熟梨、柑橘类水果、肉桂和胡椒等味道，这些味道巧妙优雅地体现出来，而且酒的品质也没有发生任何改变。

如果你喜欢这款酒的味道，不妨存上几瓶。在如今的拍卖会上，常能发现20世纪70年代至80年代为意大利市场生产的私有酿酒品牌包装瓶，这些包装瓶都颇具收藏价值。

16

巴塞洛皇室佳酿朗姆酒
（BARCELÓ IMPERIAL）

品牌所有者：巴塞洛朗姆有限公司
产地：多米尼加共和国

在我推荐的101种朗姆酒中，这是来自多米尼加共和国的6种酒之一，但这款朗姆酒在西班牙更出名，一直以来都颇受西班牙人欢迎。

该公司成立于1929年，创始人是朱利安·巴塞洛。但直到1950年才开始以他的名字推出朗姆酒。作为高档朗姆酒，"皇室"这个品牌于1980年推出。最近，公司的所有权转移到西班牙企业家手中，主营业务针对西语市场。如今，该公司只混合自有的朗姆酒品牌，不向任何第三方公司供货。

尽管如此，"皇室"品牌还是获得了很多著名的奖项，但自2013年后便未获得任何奖项。也许在过去几年中，他们没有参加任何比赛，又或者是需要一个新的公关经理，我们只能推测背后的原因。

该公司坚持当地的多米尼加朗姆质量标准，从而保证了朗姆的多米尼加血统，但这同时也让他们承受了巨大的压力。为了达到这个标准，生产商必须完成甘蔗收割、发酵、蒸馏和在橡木桶中陈年的整个过程，耗时至少一年，而且必须在多米尼加境内完成。橡木桶是用过的波本桶。

有报道称，巴塞洛正在筹建自己的酿酒厂。不过，我可以确定的是，目前该公司的业务仍然是混合和装瓶，基酒来自多米尼加烈酒公司的大型壶式蒸馏器，这是一家专门提供酒类和其他相关产品的供应商。巴塞洛确实在经营一家向游客开放的大型遗产保护中心。

虽然陈年了至少四年，并声称是高档酒（"皇室"品牌在英国的零售价在30—35英镑之间），但度数仅为38%vol，这个度数令人不太满意。就我个人而言，我认为这款酒酒味不足，没有后劲。如果售价低于25英镑，那么这款酒还值得考虑，不过它那包装精美的瓶子很具有迷惑性。尽管这个品牌获得了很多的奖项和奖章，但我可以用同样的价钱买到品质更高的多米尼加朗姆酒。

河口精选朗姆酒

（BAYOU SELECT）

品牌所有者：路易斯安那烈酒有限责任公司

产地：美国

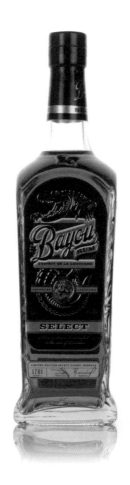

这是一个新贵品牌，产自一个2013年才建立的酿酒厂，目前在进行大规模的扩张。但是自18世纪中期开始，那个地区的人们就开始酿造朗姆酒。在闷热的气候条件下，甘蔗长势良好，酿酒业在法国的影响下蓬勃发展。大量的塔非亚酒（甘蔗酒）定期销往欧洲。然而到了20世纪末，当地的朗姆酒行业经历动荡，这一传统面临彻底消失或被波本威士忌取代的风险。

路易斯安那烈性酒公司是一家新公司，拥有全新的酿酒厂和一些经验丰富的负责蒸馏及混合的员工。他们认为，酿造世界级的朗姆酒必须选用当地的甘蔗。尽管我对这款酒持怀疑态度，但我认为他们的看法有些道理，因为就如同克利夫顿的手风琴声声入耳，而朗姆酒散发着美好的香味，直击我的嗅觉。壶式蒸馏物既有糖蜜也有蔗糖，结合了西班牙式和法式风格（该公司的酿酒师出生在古巴，在多米尼加共和国接受训练），最后的混合物需经过由美国橡木桶（使用过的波本桶）和法国橡木桶组成的索莱拉系统陈年。如此而得的朗姆酒熟成度非常高，年份不至于太久，又不失醇厚。

似乎其他人也认同这一点。虽然自从首次推出朗姆酒以来，该公司已获得了83个品质奖，但我不得不承认，我对这款酒的第一印象不好。面对这款蕴含南方温暖的酒品，标签上的大鳄鱼有充分的理由展露笑颜。

18

朗姆配给终止日：最后的朗姆酒
（BLACK TOT LAST CONSIGNMENT）

品牌所有者：专业酒品有限公司
产地：圭亚那

时间回到1970年7月31日，在一个伟大传统和仪式宣告结束的日子，当时船员的状态很可能是声音哽咽，泪如雨下。我相信皇家海军轮船上的船员没有哪一个会相信，他们大口喝下的朗姆酒如今的售价居然为1,500英镑/瓶。不管是哪种酒，这都是天翻地覆的大事，更不用说自1655年开始，英国海军每天都会向船员分发的朗姆酒了。

在朗姆配给终止日这一天，英国海军不再向船员供应朗姆酒："海军委员会认为朗姆酒会妨碍高标准、高效率的工作。因为每个人都需要操作复杂精密的机器和系统，而这些机器的正常运转决定了他人的生死。""他人"指的是我们要面对的敌人。

这就是当时的状况，除非不是。这些剩下的朗姆酒在被威士忌交易平台（专业酒品公司面向消费者的网站）的经理们买下之前就已经存放了很多年，而且数量庞大。2010年，这些朗姆酒被包装成"最后的朗姆酒"品牌对外出售（54.3%vol，650英镑）。该品牌朗姆是为英国海军生产的，由在大酒壶里存放了几十年的最后一批朗姆混合而成。它可以说是真正的黑朗姆酒，其成分包括糖蜜、黑砂糖、烤坚果和少量香醋。

最近，该公司推出了朗姆配给终止日40年陈酿（44.4%vol，1,500英镑）。实际上，这款酒生产的时间大约是在朗姆配给终止日（1970年7月31日）之后第5年，所以更多的是为了致敬朗姆配给终止日而不是皇家海军的库存朗姆酒。但这款酒本身依然是一个了不起的成就，尤其是它们在产地圭亚那的木桶里存放了40年。

就像之前推出的朗姆酒一样，这款酒同样不可小觑，它历史悠久，所以要慢慢地、细细地品尝。

如果你不想花费1,500英镑买回几加仑当年的朗姆酒，刚好传统柳条匣子装着的皇家海军大肚酒瓶不时亮相网络拍卖平台。"举杯！"

19

布莱克威尔黑金朗姆
（BLACKWELL BLACK GOLD）

品牌所有者：威尔布莱克烈酒有限公司

产地：牙买加

这是毕业于哈罗公学的老克里斯·布莱克威尔写给牙买加的情书。这个成就非凡的天才的大半人生都在牙买加度过。克里斯出生于1937年，是克罗斯·布莱克威尔家族的一分子。因为克里斯母亲的缘故，他与阿普尔顿和J. 雷&侄子两大朗姆王国联系在了一起。

他在年仅21岁时就为经典邦德电影《007之诺博士》配乐，创办了小岛唱片公司，将斯卡（牙买加的一种流行音乐）和雷鬼音乐带到全世界。这个极具影响力的音乐大腕影响了20世纪70年代至80年代很多国际音乐家的职业生涯（多得数不过来），但是克里斯拒绝了艾尔顿·约翰[1]的邀请。他买下了伊恩·弗莱明的黄金眼庄园，现在已是其拥有的高端度假胜地之一。

真是一个了不起的人！你可能会觉得这样的人生足矣。但在2009年，他开始涉足酿酒行业，并推出了这款黑金朗姆。我们不知道他的母亲是否提供了帮助（2017年8月去世，享年104岁），但据说这款酒靠的就是克里斯母亲的家族配方（当时她的家族统治了整个牙买加的酿酒业）。当然，这款酒的生产地是牙买加，生产商是J. 雷&侄子公司，是由体积更重的壶式蒸馏器和体积较轻的塔式蒸馏器蒸馏得到的朗姆混合而成。一旦蒸馏完成，就放在美国橡木桶中陈年。据称，著名的酿酒大师乔伊·斯宾塞参与了混合的过程，但每个人都不愿透露具体的陈年时间。

我认为年份并不重要。对于这款酒来说，不足20英镑的售价绝对值了。而且，每笔销售都能为小岛行动（牙买加的一个社区公益组织）做出贡献。如果我有小小的微词，那就是标签，其风格看起来就像是一个海盗地图。鉴于这款朗姆酒的资质，实在没必要利用一个老套的噱头。据说包装（由布莱克威尔的商业伙伴、广告狂人理查德·克什鲍姆设计）是为了表明这是一款"有态度的饮料"，这很可能反映了2009年朗姆界的状态，也反映了过去经历的变化。

这款酒自然掀起了鸡尾酒界的风暴，公司的网站提供了大量的调酒建议以及一个时髦的配乐，定会让你"摇摆"。我们将这归功于《007之诺博士》，看我都想到了些什么！

1　Elton John，英国摇滚明星。——译者注

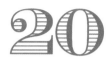

博特兰索莱拉 1893
（BOTRAN SOLERA 1893）

品牌所有者：危地马拉朗姆酒业
产地：危地马拉

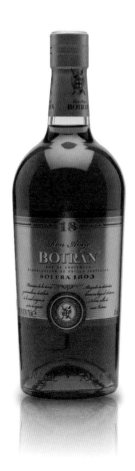

一拔去这款危地马拉朗姆酒的瓶塞，空气中便有股辣而微甜的奶油卷味弥漫开来，就好像它要迫不及待地跳进你的杯子。之后还有更多惊喜，香料和雪茄味让你久久回味。当你想再喝一杯时，又能感受到令人非常愉悦的饼干味余味。这款酒就属于那种好喝但不失醇厚的朗姆酒，我会反对任何人说不喜欢将它当作可以直接品味的酒，因为这款酒品质很高，加在鸡尾酒里实在不划算。

危地马拉陈年朗姆酒的历史与博特兰家族——危地马拉朗姆酒业创始家族之一的关系密切。博特兰也是萨凯帕的推动者，等你看到了Z系列，就一切了然了。

20世纪中期，来自西班牙布尔戈斯的博特兰家族五兄弟在危地马拉定居。他们将古老的欧洲传统（如索莱拉陈年系统）和当地资源（例如将纯净的山泉水和特殊品种的甘蔗）结合起来，通过创新性流程获得了高浓度的甘蔗汁，成功地改良了朗姆酒生产技术。

这款朗姆酒的生命始于图卢拉糖厂。该厂位于危地马拉南海岸，那儿的气候、地形和土壤都非常适合晚熟甘蔗品种的生长，该品种因含糖量高而备受称赞。与你在网络上读到的内容相反，博特拉只使用蔗糖而不是糖蜜，酵母是凤梨中提取的天然酵母。其发酵时间长达120小时，这使得基酒的口感变得更加醇厚。

以这款索莱拉1893为例，不同的朗姆酒先是进入博特兰索莱拉系统陈年，然后在位于海拔2,400米的美国白橡木桶中陈年（这些烘烤过的新橡木桶曾经盛放过美国威士忌），接着在旧雪利酒桶陈年，最后再在波特桶中陈年18年。

鉴于这款酒醇厚绵长的口味、漫长的酿造过程和家族信誉，40英镑左右的价格很是划算。看起来不错，不是吗？但是，请不要加入可乐。如果你坚持加可乐，不妨选择他们的特级白朗姆。

布克曼朗姆酒

（BOUKMAN）

品牌所有者：布克曼朗姆有限公司

产地：海地

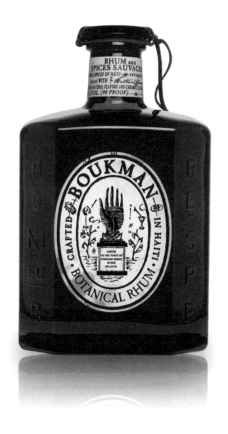

来自海地的"植物"朗姆，会是什么产品？简单地说，这是一款传统的海地手工农业朗姆酒，几个世纪以来，该产品没有任何改变。如今，在新产品开发的背景下，一位资深的贸易经理对产品的营销和包装进行了大刀阔斧的改革，使得该产品快速融入了21世纪的市场。

看到这个时尚的包装，你可能误以为它是最新款的小包装精酿金酒，这当然情有可原。时髦的瓶子、"植物"标签以及产品介绍（成分包括海地本地的树木、树皮、苦橙皮、多香果、丁香、香草、苦杏仁、肉桂）使得这款酒与金酒惊人相似。

但是这并不是金酒，而是正宗的香料农业朗姆酒。它由新鲜的甘蔗汁蒸馏而成，产生了令人意想不到的风味。该酒所使用的甘蔗来自海地两片种植条件最好的甘蔗地，即海地南部克罗伊德布凯和北部海地角附近的甘蔗地，达蒂·布克曼发起起义的地方。

谁是达蒂·布克曼？他是海地的一个奴隶，也是1791年奴隶起义的早期领导者。虽然布克曼最后惨遭杀害，但这次起义的重要性不可忽视。它促使海地独立，使得海地成为第一个废除奴隶制、摆脱了白人统治的地区，先前的奴隶成为这里的主人。令人欣慰的是，标签上引用了布克曼呼唤自由的口号。

公司创始人艾德里安·基奥将部分利润捐给了慈善机构，旨在帮助甘蔗种植户以及海地未来组织，该组织正使用现代科技变革当地的教育状况。

时髦的包装、有趣的历史与这款有趣的产品融为一体。这款酒好不好呢？当然好了，我甚至会说这是我迄今为止见过的最有趣的一款酒。无论你加不加冰块，都可以去尝试一下。不同寻常的口感，着实让人享受。

这么说吧：买了这款酒，你就有了朗姆界最酷的王牌！

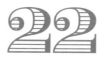

22

布里斯托香料黑朗姆
（BRISTOL BLACK SPICED）

品牌所有者：布里斯托烈酒有限公司
产地：混合

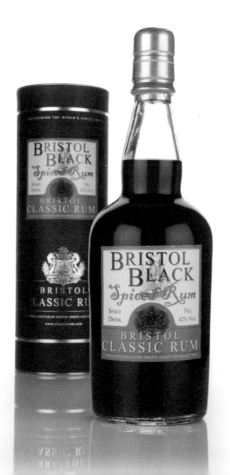

在香料朗姆酒中，有的一般，有的不错，有的美味，而这款酒是香料朗姆酒的典范，堪比诗歌、音乐方面的帕纳塞斯山[1]，这些都可在这瓶酒中感受到。或者换句话说，我非常喜欢这款酒。

当然，我特别想写一写这款产自小型独立生产商"西乡"的限量朗姆酒。该公司专门生产在其他地方找不到的高档朗姆酒。如今，他们出售来自海地、格林纳达、古巴、秘鲁、毛里求斯以及来自传奇酿酒厂（如卡罗尼和莫兰特港）的朗姆酒。这些酒可能很快就售罄，我最好还是少说几句。可你还是会忍不住偷偷看一眼，不是吗？

如果你喜欢香料朗姆酒，不妨尝一尝这款布里斯托香料黑朗姆，一切都会变得很美好。如果你不喜欢，那也不妨试一试，然后你就会改变自己先前的想法。

正如标签所示，这款酒反映了布里斯托这个多元化城市悠久且异彩纷呈的历史。这里生活着烟草商人、朗姆生产商、蔗糖大亨、水路和铁路工程师、探险家和渔民等等。布里斯托现在是大不列颠号蒸汽轮船的目的地。如果你想要找到这里海盗和朗姆的联系，那就是臭名昭著的海盗黑胡子（有人认为黑胡子是《加勒比海盗》系列电影的灵感来源）在这儿出生。这里甚至提供由彼得船长亲自带领的老码头海盗行游览项目（根据我的大胆猜测，彼得船长很可能不是真正的海盗，但他确实有一顶骷髅头帽子）。

以上所述并非是毫无意义的废话。我只是想传达这样一个感受，即这款了不起的产品本身以一种最不寻常的方式传达了乡土情怀。这款酒由多种陈年朗姆酒（来源未知）混合而成，水果味和香料味十足。庆幸的是，与你想到的香料朗姆酒相比，这款酒一点都不甜，味道就像液态圣诞蛋糕。实际上，你可以在圣诞蛋糕中加入这款酒，在传统的梅子布丁上撒一点，或者给家中老人送上一瓶，当然可以不要再送雪利酒了。

我还想了一下，你也可以留着自己喝。

1　位于希腊中部，古时被认为是太阳神和文艺女神们的灵地。——译者注

23

布鲁加尔1888特别珍藏朗姆酒

（BRUGAL 1888 RON GRAN RESERVA FAMILIAR）

品牌所有者：爱丁顿集团

产地：多米尼加共和国

爱喝苏格兰威士忌的人对爱丁顿集团更加熟悉。该集团旗下的品牌有麦卡伦和高原骑士单一麦芽威士忌、威雀和顺风兑成的混合威士忌。作为一款小众的高端品牌，这款酒最终的归宿是一个公益信托机构。该公司会拿出部分营销利润投资一些高尚的事业，主要范围在苏格兰。

几年前，爱丁顿集团决定扩大产品组合。2008年2月，该公司购买了布鲁加尔的绝大部分股份。布鲁加尔是多米尼加共和国一个家族私有的酿酒厂，历史悠久。但布鲁加尔网站上并没有提到买卖股份的事，只说公司与爱丁顿集团开展了"合作"。

当时，人们认为朗姆酒业的发展前景一片大好。谁也没有料想到，一场全球金融危机会使世界经济倒退至少五年（许多人认为金融危机的影响还将持续下去）。因此，这次收购并没有如爱丁顿集团那些精明的苏格兰会计师们预料得那样大获成功。虽然2013年和2015年布鲁加尔的账面价值大幅度减少，但事实证明这次收购依然是明智之举。

布鲁加尔两大家族马埃斯特拉·罗纳拉斯依然负责朗姆酒的制作和混合，他们生产的系列朗姆酒品质极高，这是不容置疑的事实。如今，该公司为英国市场设计了更有针对性的系列产品，这款布鲁加尔1888特别珍藏便是其中的代表作。据消息灵通的有关人士表示，虽然爱丁顿集团没有干预蒸馏过程，但是他们已经成功地让其专家参与了木材选择和木桶管理。

这款朗姆酒会在使用过的波本桶中陈年至少8年，然后转移至新的西班牙橡木桶中，这是爱丁顿公司的特色。这款酒味道不甜，口感清爽细腻。如果你想品尝甜型朗姆，那么请忽略这款酒。但是如果你想感受朗姆酒的优雅细腻，那么这款布鲁加尔不容错过。

24

班布朗姆酒
（BUMBU）

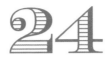

品牌所有者：班布朗姆酒公司
产地：巴巴多斯

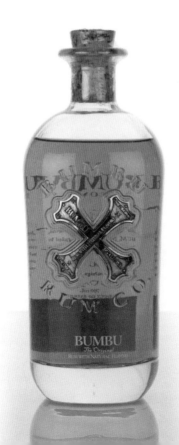

当你看到这款朗姆酒时，首先映入眼帘的肯定是它那与众不同的包装。会有一些人不厌其烦地向我们解释：玻璃厚实而透明，显眼的图标非常巧妙地仿用了海盗旗上交叉的骨头，在小说中，"X"代表了宝藏的位置，班布这个名字和字母X采用了凹凸印，瓶盖是真正的软木塞，上面再次出现了"X"字样。

开瓶的时候，瓶口处会传出悦耳的"吱吱"声，接着房间里便有股成熟的香蕉和香草味弥漫开来，以至于我的第一想法就是生产商使用了过多的香料。据说这款酒使用了16世纪至17世纪海员的配方。这些海员将加勒比本地的成分加入朗姆酒中，然后将混合后的朗姆酒称作"班布"。这个品牌在当时表示这是一款"真正的精酿烈酒"，这简直多此一举。

反正我可不这么看。我不确定16世纪至17世纪的海员是否都那么在意他们加入格洛格酒中的香料。即使他们真的在意，他们会那么详细地记录细节吗？我不是卖弄学问，但是一个精酿酿酒厂并没有用于蒸馏基础朗姆酒的连续塔式蒸馏器。最后，35%vol的酒精度数意味着这款酒在法律上属于"烈酒"，至少在英国是这样。老实说，虽然你很容易认为这款酒是朗姆酒，但它并未以此自称。

不管怎样，先不管是不是朗姆酒。最后一段是写给正统主义者的，他们压根不喜欢"班布"。味道太甜，到处都能买到，很明显是为了迎合挑剔的消费者。那么我为什么会提到这款酒呢？

原因就是"班布"在酒吧很受欢迎。服务员端上一瓶班布和装满调酒饮料的冰桶，听着车库乐或操练歌，客人喝得酩酊大醉。这体现了当代朗姆酒的定位，同时也吸引了一些品尝者再次饮用。既然它代表了未来（或者未来的一部分），那么就值得在本书中占有一席之地。

25

班达伯格出口烈性朗姆酒
（BUNDABERG EXPORT STRENGTH）

品牌所有者：帝亚吉欧
产地：澳大利亚

正如探险家马修·弗林德斯所说，在未知的南方大地，女人双颊绯红，男人四处掠夺。注意，这儿巧妙地引用了1981的职场人乐队的热门歌曲《南方大陆》中的歌词。你能猜出这是哪里吗？

是的，这里我们谈到的是一款标签让人疑惑的出口烈性低标朗姆酒，产自班达伯格，是澳大利亚仅次于维吉米特黑酱和二手大众露营车的著名出口产品。标着"出口烈性"是因为它的酒精度数为40%vol！但是在国内它的酒精度数标的是37%vol。它之所以标着"含酒精成分在标准烈度以下"，是因为其酒精度数应该更高。标签上还有一只北极熊，考拉的远亲[1]。

北极熊已经很酷了，要是帕丁顿熊就更酷了。

实际上，他们自1889年就开始生产朗姆酒了。从生产初期开始，他们就在本土市场取得了巨大的成功。2000年，这个品牌被帝亚吉欧收购。帝亚吉欧在国际市场的主打品牌是摩根船长和萨凯帕。

酿酒厂起初的计划是利用当地糖厂剩余的糖蜜。后来，一个糖业商人组成的财团投资了这个酿酒厂。糖蜜（每年生产的糖蜜足足装满四个奥林匹克规模的游泳池）依然是班达伯格酿酒厂生产所必需的原料，使用壶式蒸馏器和塔式蒸馏器进行混合，生产出不同的朗姆酒。

这款出口烈性朗姆酒也一样，虽然产量很高，但是真正优质的非常少，就像在澳大利亚内陆地区北极熊非常罕见一样。因其风格迥异的口味，这款酒是许多澳大利亚人的最爱。

看到它的原产地，你可能会认为这款酒就像一个单纯直率的老友。如果加入少量姜味汽水或者可乐和满满的冰块，味道会更好，我可以想象，英式三柱门在有节奏地碰撞中发出愉悦的声音。

1　以防你没想明白，我承认这是我胡乱说的。——作者注

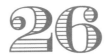

凯登汉德经典朗姆酒

（CADENHEAD'S CLASSIC）

品牌所有者：J&A. 米切尔

产地：圭亚那

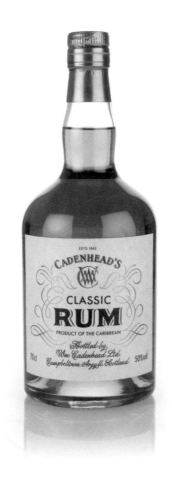

提到朗姆酒就不得不提生产商和装瓶商威廉·凯登汉德了。该公司成立于1842年，是苏格兰同类型酿酒厂中最古老的装瓶商。如今，他们由J&A. 米切尔公司控股，它也是传奇的云顶酿酒厂的所有者之一。

1972年，凯登汉德遭遇困境之际被J&A. 米切尔公司收购。当时，凯登汉德所有的库存都被拿去拍卖，据说是英国历史上规模最大的饮料和酒类销售会。虽然米切尔公司买下了凯登汉德品牌、市场信誉和原来的店铺，但是，要重建这个公司仍需付出大量的努力。

米切尔公司专注单一麦芽威士忌和高档朗姆，并且从不对酒液进行冷却、过滤或调色，因此在鉴赏家和朗姆酒爱好者中树立了威信。他们赞赏这种做法，尽管在当时这种做法并不受欢迎。店铺看起来也很过时，但别被外表欺骗了，柜台后的工作人员熟知并且热爱他们的产品，他们用百分之百的热情对待工作。一位早期业主曾经写下过"试炼出真金"的评价，这句话至今依然是该公司的格言。虽然并不时髦，但是该公司在专业人士中享有极高的声誉，并且已在英国和欧洲大陆建立起了小型连锁商店。

该公司的几个私人酿酒厂在独立品酒会上表现优异。他们还拥有不少单一麦芽酿酒厂和单一桶装朗姆装瓶厂。但可不要被外表迷惑了，虽然产品的包装很简单，尤其与如今包装精美的朗姆酒形成鲜明对比，但是这些都是优质朗姆酒，获得了极高的荣誉。对了，该公司现在也在生产好喝的威士忌。

就风格和口味而言，凯登汉德几乎是独树一帜。你可以尝尝他们的经典朗姆酒。正如名字所示，经典朗姆这款酒非常经典，味道浓郁，有浓浓的干果味和典型的红糖味。这款酒可满足你对加勒比朗姆的所有期待，当你将50%vol的酒精度数考虑在内时，就会发现这款酒物超所值。他们说，最新推出的这款朗姆酒会"征服"消费者，我深信不疑。

倒上一杯，享受传统朗姆酒的品质和价值吧。

27

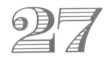

货物崇拜香料朗姆酒
（CARGO CULT SPICED RUM）

品牌所有者：小批量烈酒公司
产地：混合

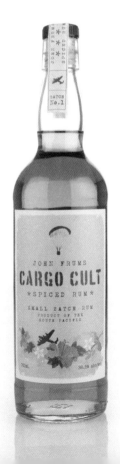

爱丁堡公爵菲利普亲王殿下首次踏上塔纳岛时，就被原住民奉为神一般的人。

我必须承认，当我答应要写一本关于朗姆酒的书时，从未想过自己做的第一件事就是去搜索这个故事。遥远的瓦努阿图的塔纳岛上，善良的亚奥南内恩族人（菲利普亲王运动的忠实追随者）仍然认为亲王殿下是他们神灵祖先的后代。你有所不知，神奇的事情已经发生了……

菲利普亲王运动是当代的货物崇拜运动。太平洋海岛上货物崇拜的故事一直让我着迷，因此我将这款名为"货物崇拜"的香料朗姆酒收进此书。这款酒致敬了同样来自瓦努阿图的约翰·弗鲁姆崇拜。据说约翰·弗鲁姆这一名字是对"约翰来自……"的讹传[1]，指代美军对原住民的影响。

我们要面对这样一个现实，即货物崇拜是一种逻辑谬误，你没想到一本关于朗姆酒的书里居然会出现这个吧。实际上，在"二战"开始的很久之前就已经出现了货物崇拜，最早的记录出现在1885年的斐济。此处的"货物崇拜"结合了斐济和巴布亚新几内亚的朗姆酒，和在澳大利亚混合并加入香料，真是一个奇妙的联系。这款酒十分美味且没有甜味，虽然这里面没有加糖（一些香料朗姆酒的噩梦），但是肉桂、丁香和干橘的味道非常浓郁。

令我不太满意的是这款酒的度数仅为38.5%vol，这也就意味着纯饮时酒味不足。但是，网站列出了所有种类的鸡尾酒，并且建议在这款酒中加入可乐、新鲜椰奶、姜味汽水（味道不错）或菠萝和姜味汽水（我更喜欢这种搭配）。当你看到这款酒的价格高于30英镑，特别是在看到低于正常值的酒精度数时，你可能会发牢骚。但对于我们这些普通人来说，不妨还是请求货物崇拜的"神灵"们把价格降一降。

1　其名字 Frum 和表示"来自于"的 From 谐音。——译者注

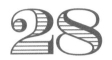

查龙湾高档烈酒

（CHALONG BAY FINE SPIRIT）

品牌所有者：安达曼酿酒厂有限公司

产地：泰国

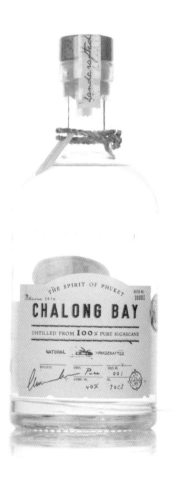

查龙湾，或如他们坚称的"普吉岛烈酒"于2013年由两位法国企业家马琳·卢基尼和蒂博·斯皮谭克思创办。他们使用泰国本地生长的甘蔗，采用法国的蒸馏方法。他们发现甘蔗的种植起源于东南亚（很有可能是新几内亚，时间约为公元前8000年——维基百科如是说），过了很久，种植技术才传到西印度群岛，这归功于第一批西班牙和葡萄牙探险家。另外，他们还发现这种本土植物并没有用于烈酒生产。

普吉岛火爆的旅游业和大批年轻游客吸引了二人的目光，于是他们在查龙湾的柜台增设了鸡尾酒工作坊和酒吧。从网络评论和媒体报道来看，这一举动取得了巨大成功。这款酒在旅游指南上的评分非常高。

但人们对这款查龙湾高档烈酒褒贬不一，从严格意义上说它不属于朗姆酒，而属于烈酒。这款酒与农业朗姆酒非常相似。尽管该品牌现已发布五种风味，但因为创立时间很短，所以未标明年份。公司的重点是开发鸡尾酒。

我非常明智地尝了一点，我没有加入任何东西，其味道让我想起了劣质医用酒精，或者借用网上的一句评论："只有家里的清洁工才会喜欢。"

说这是最好卖的假日饮料，我表示怀疑。一般这种酒先是藏在酒柜后面，一番辗转之后最终在新年夜被烂醉的邻居用来烧烤或者一脚踢翻，直到那时才被人发现。如果哪位邻居读到这本书，请放心，我家绝没有这种酒。

但是其他人喜欢，我偶然间也会闻到这款酒散发出的水果味。像往常一样，我的结论依然是：你得自己去品尝。

小贴士：考虑到这款酒在泰国国内的价格在650泰铢左右（不到15英镑），你对它就不会那么失望了。

29

沙马雷勒XO

（CHAMAREL XO）

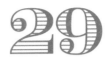

品牌所有者：沙马雷勒之家
产地：毛里求斯

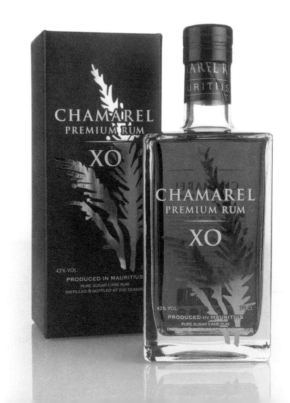

如果出于个人原因（我不会深究），你决定乘船从马达加斯加出发前往西澳大利亚，这样一来，你很可能会去毛里求斯岛。毛里求斯位于印度洋，距离英国大约1,100公里（比兰兹角和约翰奥格罗茨之间的距离略短，如果这样说对你有帮助的话）。

要是真像我说的那样，你可就走运了。因为毛里求斯盛产法式优质朗姆酒。在所有的酿酒厂中，有一家高档餐厅叫沙马雷勒之家，你可以在疲惫的航行之后，在此享受到美味的食物，如果他们的网站可靠的话。我本想亲自考察一番，遗憾的是我的出版商不愿意资助这趟调查之旅。

但是我可以告诉你的是，毛里求斯的朗姆种类繁多，全部以甘蔗为生产原料。这些甘蔗生长在附近环境宜人的庄园里，大片的甘蔗、凤梨以及其他热带水果并排生长。庄园初建于18世纪90年代，所有人是安托万·德·查扎尔·德·沙马雷勒，多年来一直由其家族管理经营。

1996年，这个庄园被卖给了另一个至今匿名的神秘家族。根据《孤独星球》介绍，该家族可能是比奇科默高端连锁酒店的拥有者。这个顶级酿酒厂和旅游目的地于2008年开放，后来又扩大了生产规模。

自那以后，他们推出了一系列白朗姆酒、陈酿朗姆酒以及其他酒类，在国际上小有名气。不管这个庄园归谁所有，总之他们明白自己要干什么，并且还为此聘用了经验丰富的工人。这款XO是由纯甘蔗制成的农业朗姆，部分是在塔式蒸馏器中完成，部分是在壶式蒸馏器中完成（30%）。每种朗姆都在一组法国橡木桶中陈年6年至8年，这组橡木桶包括全新的橡木桶、装过干邑的橡木桶、装过葡萄酒的橡木桶和多次烘烤过的橡木桶，从而使朗姆具有香草、橡木、橘子、辣椒和丁香的风味。一入口就有浓浓的水果味，接着转变为清爽的口感。尽管酒精浓度只有43%vol，但是这款包装精美的朗姆酒还是最适合细细品尝的。

显而易见，这款XO朗姆酒适合家庭享用，不管是谁都能大饱口福。

30

可可绿色朗姆酒
（COR COR GREEN）

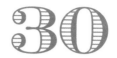

品牌所有者：格瑞斯朗姆有限公司

产地：日本

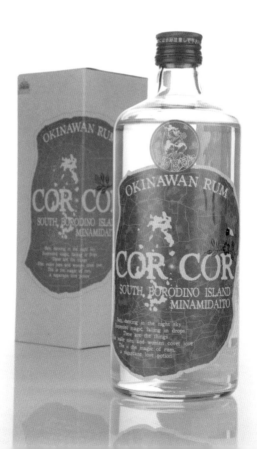

本次朗姆之旅的最大乐趣之一，是在意想不到的地方找到朗姆酒，比如北川（以前又叫作南博罗迪诺岛），大东小岛之一，位于日本冲绳群岛的东南海岸。

可可绿色由创始人金城女士发明。她发现冲绳县的居民与加勒比地区的人们很相似，相似之处不是奴隶制或海盗，而是糖类生产。自20世纪早期有人来此定居后，冲绳的糖业就蓬勃发展了起来。

这里的人们早就种植和加工甘蔗了，但直到2002年，企业家金城女士才与当地的商务部展开合作，进军朗姆酒业。

该公司生产的朗姆酒有3种风格：红色朗姆（原料为糖蜜）；优质朗姆（陈年朗姆酒，但我一直不能确定具体的年份）；虽然这两种风格的朗姆酒很有吸引力，但真正吸引我的是这款绿色朗姆。这款酒具有法国农业朗姆酒的风格，由鲜榨甘蔗汁发酵而成，与另一款日本朗姆酒龙马类似（本书第83款酒）。

与龙马一样，这款酒包装简单，但老实说，价格并不便宜。日本是个高消费国家，而且这款酒已经推出很多年了。这是一款真正的小批量酒品，是用小型壶式蒸馏器手工制作而成的产品，因此值得期待。

这款朗姆酒酒劲足，香草味浓郁。作为一款具有异域特色的农业朗姆酒，这款酒适合那些猎奇的鉴赏家和朗姆爱好者，但不适合刚接触朗姆酒的人。该公司的宣传材料称，这款酒浓烈醇厚，而且还直接表明"我们第一个承认，我们的朗姆酒不适合每个人"。

够直白！不是每个人都喜欢烟熏鲱鱼、马麦酱（我就不喜欢）、斯蒂尔顿奶酪（我喜欢）或散装鲜啤酒。如果每个人都喜欢同样的事物而不去尝试新的事物，那么生活将会多么无趣。警告归警告，该尝试的还是要尝试，否则谁知道你将会错过什么呢！

31

克鲁赞单桶朗姆酒
（CRUZAN SINGLE BARREL）

品牌所有者：宾三得利

产地：美属维尔京群岛圣克罗伊岛

我对这款酒满怀期待。毕竟，并不是每天都能以30英镑左右的价格买到"单桶"朗姆酒，所以看起来很划算。

的确，30英镑就能买到。但是如果你从字面上理解"单桶"这个术语，就会发现这款酒其实并不便宜。真实情况是，将5—12年的朗姆酒混合在一起，接着装进不同的桶里再继续陈年1年左右，然后"一次装一桶"。所以，如果你的参照点是苏格兰威士忌，那么这款酒可能会有木桶或类似木桶的味道。

事实上，这款酒很可能有金宾波本桶的味道。因为据我所知，他们所使用的木桶大多数是世界著名且属于同一组的波本桶，而且这些桶都只使用过一次。

不过，尽管你可能认为所有者宾三得利公司有过度宣传的嫌疑，毕竟他们的威士忌更加闻名，包括金宾、美格威士忌、山崎和拉弗格等，但是这款朗姆酒本身就得到了评论家们的赞赏，许多评论家称赞其公司是世界上最值得尊敬的酿酒厂。

这家公司位于美属维尔京群岛的圣克罗伊岛上，享有优惠的税收政策，这让加勒比海的其他生产商恼火也情有可原。也许正是因为这个原因，克鲁赞在美国比在欧洲更加常见。

尽管公司拥有者是一家大型企业，克鲁赞（这个名字来源于"Crucian"，是圣克洛伊岛的一个本地人）公司由内尔索普家族的第七代传人管理。这个家族早在1760年就开始种植甘蔗，制作朗姆酒，而当地的甘蔗种植园为酿酒厂提供原料已有多年。如今，该公司采用了复杂的五柱蒸馏器，并从危地马拉进口糖蜜。

这款酒虽然酒体清淡，但味道不失醇厚，特别适于调配。如果你喜欢这款酒，那么克鲁赞生产的系列风味朗姆酒也值得你去了解，尽管听起来非常廉价，例如蓝莓柠檬朗姆，有人要喝吗？

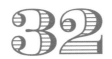

32

暗物质朗姆酒
（DARK MATTER）

品牌所有者：暗物质酿酒厂
产地：苏格兰

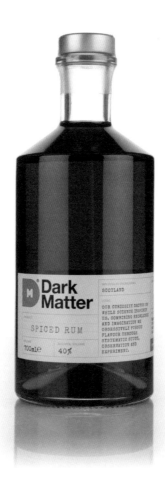

这款酒与众不同，从瓶子、标签、网站再到最关键的口味，绝对标新立异。

对了，这款不同寻常的暗物质产自严寒的苏格兰阿伯丁郡，该公司从2015年4月开始生产朗姆酒，比奥克尼VS酿酒厂的J·高香料朗姆酒早推出两年。该公司位于"最黑暗"的阿伯丁郡，采用天然糖蜜作为酿造原料。

各大论坛上对这款暗物质香料朗姆酒褒贬不一：这款酒里加入的香料种类比普通食品店里销售的香料种类还要多；香味浓郁，口感刺激，后劲十足；这是香料朗姆中的咖喱；如果你喜欢生姜、丁香、干胡椒和多香果浆等味道，你会爱上这款酒的。

另一方面，如果你不喜欢，你就会加入到零售网站上批判的队伍。有一个人评论该酒"很糟糕"，随后又补充说"这是我喝过的最恶心的饮料，只有喝醉的学生才会尝试"。当然，并不是只有这个人这么评论。很多人虽然有许多类似恶毒的评语，但必须指出的是，也有不少人打出了很高的分数。没有人打两颗星或三颗星，人们对这款酒非爱即恨，其在盲品会中取得了不少奖项。总之，你想怎么做就怎么做吧。

请注意，这款酒的发明人是苏格兰的两兄弟，他们曾在石油行业工作，刚开始涉足酿酒行业。他们投资了专业设备，做好了长期准备，目的就是推出一种白朗姆酒以及这款香料朗姆酒。值得赞扬的是，他们对香料的配方相当透明，对蒸馏后加糖这件事也十分坦白。

遗憾的是，这个我自认为相当时髦的网站并没有真正吸引到访问者。这其中有一些看似科学的说法，尽管听起来很重要，但其实并不重要。这是个遗憾，因为这是一家创业企业，我支持有远见的创业者们。

在物理学中，暗物质是一种假想的事物，从来没有人看到过。在寒冷的冬天，人们可能会从小酒壶里倒出这种酒，令人愉悦，但其味道更像一种香料姜酒。总之，味道不错。

33

死人头朗姆酒

（DEADHEAD）

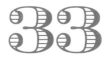

品牌所有者：标志品牌公司

产地：墨西哥

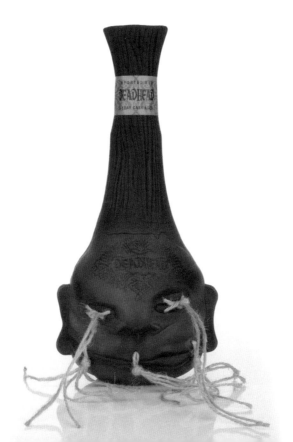

如果你看过水晶头伏特加和D1金酒，那么你就会知道近年来这种怪异的包装已经成为一种行业趋势。这些包装虽然说不上可笑滑稽，但也堪称奇怪、古怪、怪诞、离奇、奇特、诡异、非主流、不寻常、不拘一格、自成一派、特立独行和我行我素了。

这些词要表达的效果只有一个：放在酒架上肯定会特别显眼。问题在于，你是否想要来一杯从缩制头颅（顺便说一下，这个脑袋是假的，没有哪个人真的受伤）里倒出来的朗姆酒？

这是标志品牌公司创始人兼首席执行官金·布兰迪及其同事们的作品，除此之外他们还生产了一些包装怪异的龙舌兰酒。他们当然是美国人，其成功不可否认：自推出以来，"死人头"品牌发展迅速，这个小型独立公司在高度竞争的烈酒行业内取得了巨大的成功。至少在美国烈酒市场，各方面的竞争都非常激烈且法律纠纷很多，因此布兰迪似乎也常被卷入版权之争和其他诉讼中。

这款朗姆酒本身是由壶式蒸馏朗姆和塔式蒸馏朗姆混合而成的6年陈墨西哥朗姆，原料既有甘蔗也有糖蜜，产自拥有65年历史的波南帕克酿酒厂，这间家族控制的公司现在由古巴的朗姆大师经营。除此之外，我对这款酒所知甚少。其价格超过50英镑，虽然瓶盖可以当作一个小酒杯，但这个价格还是很贵。我很喜欢这款朗姆酒，味道不错。才喝了一两杯，我就开始感到晕头转向了。

虽然这款酒产自墨西哥，但据说包装的灵感来自亚马孙的舒阿尔人（Shuar）。为什么？因为很明显，舒阿尔人有将敌人头颅当作战利品拿来进行风干的传统。如果这不足以说明文化现象，该公司的网站还列出了一句标语"阿罗哈（ALOHA）"，这是夏威夷人表达爱情、亲情及和平的方式。

既然我不想失去头颅，那就还是乖乖离开吧。

34

德帕斯白朗姆

（DEPAZ BLANC CUVÉE DE LA MONTAGNE）

品牌所有者：马提尼克岛集团

产地：马提尼克岛

如果你想了解这款独特的法国农业朗姆酒，我们可以从一个有趣的地方讲起。

如今，你无法想象一场造成3万多人死亡的火山喷发会带来什么好结果。1902年，马提尼克岛上的佩利火山喷发，摧毁了德帕斯庄园、城堡以及马提尼克岛首府的大部分地区，并留下了大量肥沃的火山土壤。事实证明，这些土壤非常适合种植蓝甘蔗。这种蓝甘蔗非常罕见，很难生长，但是蔗糖产量最高，品质最好。

1917年，这个家族最后一个幸存的成员维克多·德帕斯回来重振潦倒的朗姆生意。他发现从天而降的大量火山灰是这款朗姆酒独特风味形成的关键（最好不要以为这款朗姆酒里含有火山灰）。如今，许多鉴赏家都认为德帕斯是马提尼克岛最好的酿酒厂之一。像纳格力特、J.巴利和狄龙一样，德帕斯也是法国马提尼克岛集团的子公司，所以该公司的产品在法国最常见。

农业朗姆酒是一个独特的朗姆酒品类。在马提尼克岛，对于这种品质最好的朗姆酒，其生产严格遵循原产地控制规定。这种朗姆酒与工业朗姆酒的偏甜风格截然不同，农业朗姆酒仅占世界产量的3%，甚至更少，是一个真正经由手工制作过程产出的佳品。就像葡萄酒一样，该酒的产量由收成决定。

农业朗姆酒本应是酒劲十足，散发植物芬芳。但是这款朗姆酒的原料是种植在德帕兹庄园里品质最好的甘蔗，收割后立刻加工，使其拥有其他烈酒所没有的醇厚口感。陈年以后的朗姆酒还可能会被误以为是上好的干邑白兰地。

这款德帕斯白朗姆是该公司的"最新产品"。尽管酒精度数为45%vol，但是非常适合纯饮。不过，由于产量有限，虽然这款酒在法国很受欢迎，但在英国市场却很难买到。

不能就此罢手，穿过英吉利海峡，到马提尼克岛旅行买上几瓶。德帕斯庄园早在1651年就开始种植甘蔗，已经等你很多年了，赶紧去吧！

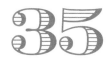

35

德帕斯XO特选朗姆酒

（DEPAZ XO）

品牌所有者：马提尼克岛集团

产地：马提尼克岛

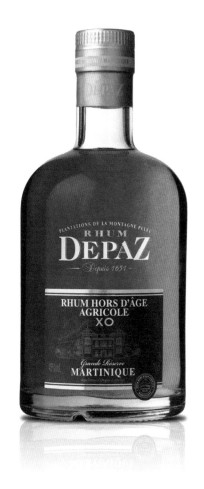

继续谈论德帕斯朗姆让我感到有点抱歉，毕竟这些酒在英国非常少见。说实话，内疚只有一点点，因为我发现这款酒性价比极高。我很愿意分享这一信息，希望品牌所有人（行业巨头马提尼克岛集团）能在英国找到一个能力更强的经销商。虽然我不明白法国人为什么把这些酒都留给自己，但我想他们一定有自己的原因。

但是，你可以轻易就在网上买到这些酒。当然，还有另外一种更好的选择：直接去英吉利海峡港口周围的大型酒窖，实惠的价格足以弥补旅途的劳累。

德帕斯的许多系列没有使用更为直接的年份标识，而是参照了干邑的命名风格，级别从白朗姆到特优级精酿。我认为这款酒应该标注"优级"，因为我发现它的价格在90欧元左右，非常划算。

这款XO特选朗姆的售价在60欧元左右。因为气候条件不同，朗姆酒的熟成速度远快于苏格兰威士忌。这款酒由8—10年的朗姆酒混合而成，口感顺滑，酒劲十足而且相当甜美（但不至于甜得令人生厌），让人忍不住再来一杯。

白兰地爱好者钟情的陈酿朗姆酒年份短一些（大约7年），因此价格也更便宜。奇怪的是，这款酒会让人联想起白兰地，而且比年份更久的XO特选朗姆酒酒劲足，味道醇，更加热门。这款酒味道当然不错，要不是财力有限，我愿意每天喝年份更久的特级朗姆。

这些酒不仅向我们展示了农业朗姆酒的真正魅力，并且还能拿来与其他高档酒类相提并论。"Agricole"直译成英文的"农业的"，而"农业的"这个词不全是褒义。但在翻译时，原有的贬义大多已经丢失。如果因此以为其品质不高，就大错特错了，这些酒可以满足那些最挑剔的朗姆酒爱好者，比如您，我亲爱的读者。

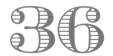

狄龙VSOP陈酿朗姆酒
（DILLON VSOP）

品牌所有者：马提尼克岛集团
产地：马提尼克岛

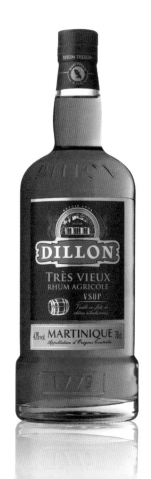

狄龙（马提尼克岛集团的子公司）这个品牌在法国很常见。该公司位于马提尼克首府法兰西堡，旗下酿酒厂生产一系列农业朗姆酒。该酿酒厂建成于1690年，但如今是以一个英国士兵亚瑟·狄龙的名字命名。狄龙的一生颠沛流离，在美国独立战争中，他与加勒比海的法国军队一同站在殖民者一边，因此1779年的日期凸印在了瓶子上面。

第一任妻子去世后，他迎娶了一位富有的法国克里奥尔寡妇——来自马提尼克的伯爵夫人洛尔，并由此获得了以他名字命名的地产。他后来曾任巴黎革命政府代表，但在"恐怖统治"期间遭受怀疑，最终于1794年4月被送上断头台。奇怪的是，该品牌的网站上没有任何关于他不幸结局的内容。

回到这款朗姆酒。其生产严格遵循原产地控制规则，原料是纯甘蔗，总共涉及10个甘蔗品种。一旦开始收割两年生的甘蔗，收割速度就会变得至关重要。酿酒厂有一句话是这样说的："甘蔗的脚在地里，头在磨坊里。"在以干燥甘蔗或甘蔗渣为燃烧原料的蒸汽磨坊内，所有的蔗糖都必须在2—3天内提取出来。在这个强调环境责任感的时代，还能见识到这样历史悠久的可持续工作方法，我表示非常满意。

从1996年开始，严格的原产地控制规则便通过限制产量、确定收割日期、规定蔗糖的使用方法和设置最低陈年时间，使马提尼克农业朗姆的质量得以保证。

这款VSOP陈酿朗姆酒至少陈年了5年，散发着巧克力、干果、肉桂、甘草和香草等芳香的味道。奇怪的是，它的味道让人联想起法国茴香酒（常用作开胃酒）。不过，这款酒就像其他年份较短的朗姆酒一样，非常适合调配各种朗姆鸡尾酒，甚至用于烹饪。

虽然这款酒在英国很少见，但在法国却很平常，而且价格非常实惠。年份较长的朗姆酒非常适合细细品尝或者搭配一块甜馅饼一起享用。

外交官精选珍藏朗姆酒
（DIPLOMÁTICO RESERVA EXCLUSIVA）

品牌所有者：联合酿酒厂股份公司
产地：委内瑞拉

如果你想知道的话，标签上那个严肃的老人，叫作唐·瑛科·涅托·梅伦德斯，是一位品位高雅、情感丰富的人。他曾住在酿酒厂附近，只不过当时这个酿酒厂还没有建立，所以实际上他与这款朗姆酒没有什么联系，也许是设计师喜欢他那时髦的大胡子。

在品尝这款酒之前，我非常疑惑，对这个酿酒厂和他们的员工马埃斯特拉·罗纳拉斯、提托·科尔德罗、吉尔伯托·布里塞尼奥和尼尔森·埃尔南德斯等获得诸多奖项持怀疑态度。我想当然地认为这款酒并没有吹嘘得那么好，特别是40英镑的售价更让我坚信我的观点。如果这些人真的那么优秀，为什么不像梅伦德斯先生一样被贴在标签上，让他们成为英雄？

但我错了！这绝不仅仅是公关炒作，这款酒真的比评论中还要美味。这款酒品质卓越，尤其是当你想到其陈年时间长达12年。所有你听到的关于这款酒的好消息都是真的。

该酿酒厂建于1959年，至今仍归当地所有，是委内瑞拉最大的酿酒集团之一。多年来，从整体上看，复杂的蒸馏、熟化和混合过程很可能是这款酒标新立异的原因。

他们的酿造方法也见于其他地方，但是这款酒的特色之处在于将艺术与科学进行了结合。如果你对技术层面的问题感兴趣，可以看看他们新颖简洁的网站；否则，请相信我（以及许多经验丰富的人），从第一口开始，你真正需要知道的一切都会变得显而易见。

就在喝第一口的时候，那醇厚、绵长、平衡的口感便让我深深地陶醉于此。这款酒果味十足，口感丰富。坦白地说，我想提醒一点：这款酒很甜，虽然没有甜得让人无法接受，但绝对是你喝过最甜的。外交官朗姆酒是在最后的混合物中加糖的朗姆酒之一，这种做法严重冒犯了一些正统主义者。如果你喜欢无糖型朗姆酒，不太会喜欢这个，请保持开放的心态，好好享受这款酒品。

38

唐Q 陈年佳酿朗姆酒

（DON Q GRAN AÑEJO）

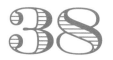

品牌所有者：塞拉莱斯酿酒厂公司

产地：波多黎各

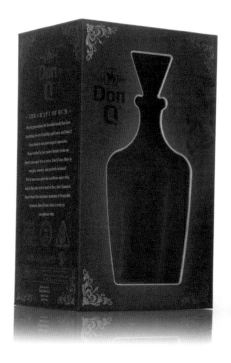

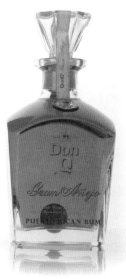

作为百加得公司及其大型酿酒厂（位于波多黎各首都圣胡安郊外）的所在地，波多黎各举世闻名。但是这个酿酒厂离岛上唯一的酿酒公司——总部设在庞塞的日益国际化的本土竞争对手塞拉莱斯酿酒厂距离很远。与百加得公司一样，塞拉莱斯酿酒厂也是私人拥有，由塞拉莱斯家族的第六代传人经营管理。值得注意的是，虽然摩根船长朗姆酒也在波多黎各生产了多年，但在2012年，摩根船长的生产便转移到了帝亚吉欧在维尔京群岛的工厂。

该酿酒厂于1865年推出唐Q这一品牌。你可能已经猜到了，这个品牌是以堂·吉河德的名字命名的，即塞万提斯小说中的同名人物，以此致敬这个家族的西班牙血统。

唐Q品牌旗下有多个系列产品，除去售价1,500英镑的塞拉莱斯家族珍藏系列，其他系列的价格都相对适中。这一款顶级陈年佳酿由9—12年的波罗黎各朗姆混合而成（一些索莱拉陈酿朗姆年份长至50年），其售价也仅为50英镑左右，这个价格，你可不一定能买到其他佳品。

虽然一开始闻不出什么香味，但这款酒酒味很足，具有明显的糖蜜和木头味道，被葡萄味和香草味中和后，其甜味和清爽口感巧妙地达到了平衡。这归功于其背后的蒸馏方式：塞拉莱斯结合了壶式和塔式蒸馏器，且在最后的混合过程中加以使用。这两种蒸馏器混合后的朗姆酒在美国橡木桶和旧雪利酒桶中陈年，并盛放在过渡的大桶中，促使不同的味道相互融合。

能源使用和废水处理等环境方面的考量对酿酒行业越来越重要。作为一家本土生产商，塞拉莱斯家族似乎特别重视这一点。他们开发了先进的废料处理技术，使之成为一个远近闻名的环保企业。在文化层面上，2001年，最初的家族住所——塞拉莱斯城堡现在变成了一个博物馆和文化场所，家族成员以很小的成本转移到了庞塞城。几年前我曾有幸参观过这里，这款陈年佳酿的味道勾起了我的快乐回忆。

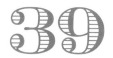

39

多利12年朗姆酒
（DOORLY'S 12 YEAR OLD）

品牌所有者：R. L. 希尔有限公司
产地：巴巴多斯

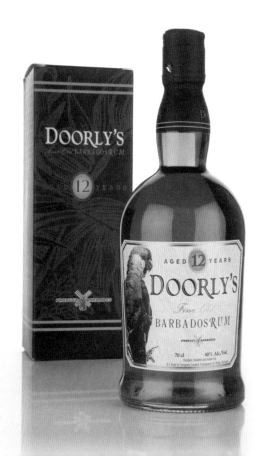

多利系列有多款陈年朗姆酒，它们都是由R. L. 希尔公司在位于巴巴多斯的四方酿酒厂内生产出来的。我想谈谈其中最好的一款酒，因为其价格不贵且很出名。鉴于他们以四方酿酒厂和希尔品牌的名义生产其他酒品，你可能会问到底讲的是什么酒，以及谁是多利？

一个世纪以前，多利是一家贸易公司，后来又进军朗姆酒业。当时法律规定酿酒商必须大批量出售酒类，于是多利的公司创办了多利金刚鹦鹉朗姆，它成了巴巴多斯第一款出口的朗姆酒。1993年，四方酿酒厂买下了该品牌的所有权，继续开发和扩大金刚鹦鹉朗姆系列。

这款12年朗姆酒于2015年推出，实际上直到最近才进入英国市场，颇受欢迎。在这之前，人们只能在酿酒厂和巴巴多斯几家专卖店买到这款酒。这款酒与四方酿酒厂的其他朗姆酒不同，这要归功于现在的酿酒大师理查德·希尔，他大胆地创新了蒸馏和混合工艺。

绝技就在这里：希尔将壶式和塔式蒸馏朗姆酒与马德拉白葡萄酒的残留物进行混合以获得甜味，然后在木桶中陈年12年，经过短期的混合使得朗姆酒的风味完全融合在一起，最后再装瓶，其酒精度数为40%vol。

四方酿酒厂以合理的价格和公开透明的说明书闻名于世。尽管这款酒的年份较久，但是包装并不奢华，只有简单的卡通画、相对普通的瓶子和一个螺旋盖，所有这些都是为了给消费者降低成本。

顺便说一句，标签上那只可爱的鸟并不是常见的鹦鹉，而是一只金刚鹦鹉。这种金刚鹦鹉并不普通，它是极其稀有的斯比克斯金刚鹦鹉。一般认为野生的斯比克斯金刚鹦鹉已经灭绝。幸运的是，虽然这款多利12年很难买到，但是一些私营的外卖酒馆收藏了这款酒。

40

双林5+5 PX朗姆酒
（DOS MADERAS 5+5）

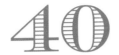

品牌所有者：博德加斯·威廉姆斯&温贝特
产地：混合

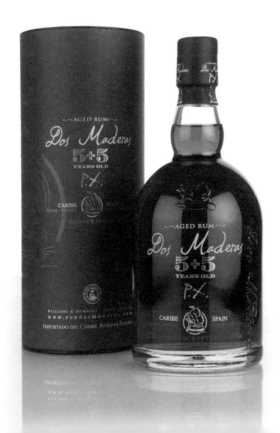

"要是这款酒产自生产威士忌的麦卡伦公司，那么价格估计得要200英镑！"

　　以上并非是我的观点，而是麦芽大师网站上一位消费者的评语。这应该是他的真实想法。实际上，这款双林5 + 5PX的价格在40英镑左右。我想这位消费者已经认识到了朗姆酒的高性价比。这就是为什么许多曾经的威士忌爱好者开始转向朗姆酒。因为朗姆酒将有趣的历史背景、产品和传统结合在了一起，这也是苏格兰威士忌首先吸引他们的地方，没有威士忌那样奢华的包装，但是价格也不算贵。

　　"Dos Maderas"在西班牙语中是"两片树林"的意思，描述了加勒比桶和雪利桶的陈年过程，这是风味形成的关键。选择来自圭亚那和巴巴多斯的5年朗姆酒，运到西班牙赫雷斯德拉弗龙特拉的威廉姆斯&温贝特酒窖之后，不经过过滤，重新装入美国橡木桶中（有些橡木桶已经使用了80多年）。这些木质非常紧密的橡木桶长期用来陈年雪利酒。威廉姆斯&温贝特博酒窖有多年管理索莱拉陈年系统的经验。

　　朗姆酒一运到西班牙，就会被装进橡木桶内存放3年。这些木桶曾用来陈年广受赞誉的帕罗卡特多雪利酒。帕罗卡特多不仅没有甜味，而且香味十足。双林5 + 3朗姆，表明这款酒在加勒比陈年5年，在西班牙赫雷斯陈年3年，这本身就很不寻常。

　　双林5 + 5与双林5 + 3的装瓶方式并不相同。双林5 + 5在双林5 + 3的基础上，继续在木桶中陈年两年。这些木桶曾用来陈年20年的佩德罗-希梅内斯雪利酒。佩德罗-希梅内斯是葡萄酿制的、甜而不腻的深色雪利酒。这些葡萄被采摘下来后会在安达卢西亚的阳光下进行暴晒，变成葡萄干。

　　在佩德罗-希梅内斯雪利酒木桶中陈年的这段时间内，朗姆酒会发生变化，颜色变得更深，口感也更加顺滑，并且具有独特的甜味。这就是这款双林5 + 5 PX：在加勒比陈年五年，在帕罗卡特多陈年3年以及在佩德罗-希梅内斯雪利酒木桶中陈年2年。

　　如果你的预算在120英镑左右，那么这里还有一款双林豪华10 + 5系列，由10年的圭亚那和巴巴多斯朗姆酒混合而成，然后再在佩德罗-希梅内斯酒桶中陈年5年。同等的单一麦芽威士忌不知道要花多少钱！

41

黄金国15年特调珍藏朗姆酒

（EL DORADO 15 YEAR OLD SPECIAL RESERVE）

品牌所有者：德麦拉拉酿酒厂有限公司

产地：圭亚那

德麦拉拉酿酒厂的总部设在圭亚那，原埃尔多拉多（黄金国）所在地——这是一个非常神秘的地方，吸引了很多早期的欧洲探险家，许多人甚至因此丧命。显然，他们想要一个能引起共鸣且体现该产品卓越品质的名字。好吧，他们选对了。简单来说，这是世界上品质最好、获奖最多、影响力最大的朗姆酒之一。

如今，这家酿酒厂因拥有一组蒸馏器而闻名于世，这些蒸馏器在朗姆界堪称传奇：世上仅存的木质科菲蒸馏器之一、一个产自莫兰特港的双组木质壶式蒸馏器、一个单组木质壶式蒸馏器以及一个来自18世纪乌特夫拉格特庄园的四柱式法国萨维尔蒸馏器。这些蒸馏器记录了酿酒业的发展史。众所周知，当今产自莫兰特港或乌特夫拉格特蒸馏器的陈年朗姆酒竞拍价很高，因为鉴赏家们都想尝一尝历史的味道。

但如今只要花上50英镑左右，你就能品尝到这款黄金国15年特调珍藏朗姆酒。比我更有资格的裁判（准确地说，国际葡萄酒与烈酒竞赛专家组）连续四年将这款酒评为"世界上最好的朗姆酒"，这是非常了不起的成就。这也是最早一批向世界证明自身价值的朗姆酒：原来曾经被低估、不被看好的朗姆酒也可以拥有如此高的品质。

虽然现在的争议没有这么大了，但仍有争议。然而，正如同酿酒厂网站上描述的那样："这是一款堪比干邑的优质朗姆酒。"这款酒的光芒隐藏在了其1普耳式（相当于8加仑）的酒瓶中。我认为既然现如今有品质如此高的朗姆酒，便没有必要和干邑作比较了，好像屈服于某种优越感似的。

对我来说，这款特调珍藏朗姆酒物超所值，其口味丰富，口感顺滑，醇厚绵长，具有黑咖啡、苦橘子果酱、杏仁、70%巧克力、李子和香草等味道，口感甜而不腻（我倒是想尝尝稀释前的味道）。虽然黄金国可能是个神话，但它也可以是一个凯旋的征服者，手握这个奇妙的战利品。

42

八元素共和朗姆酒
（ELEMENTS EIGHT REPUBLICA）

品牌所有者：八元素朗姆有限公司

产地：混合

如果你学过化学，那你就会知道元素周期表中有118个元素。但这些人只谈到8个元素，那么这8个元素指什么呢？

很高兴你能问起这个问题。从这个时髦的标签来看，这8个元素是指（按先后顺序）风土条件、甘蔗、水源、发酵、蒸馏、热带陈年、混合、过滤。这种想法很奇怪，因为这8个元素既包含朗姆酒的成分，也包含生产朗姆酒的流程。这些元素结合在一起，形成第9个元素（装瓶？）。再者，你细想一下，这些元素是每一个生产朗姆酒的公司所共享的。虽然标签很明确地告诉我们，这款酒是在传统壶式蒸馏器中蒸馏而得，但标签上的蒸馏器明显是个塔式蒸馏器。

不卖弄学问了！八元素是一家成立于2006年的英国独立装瓶商。作为"调酒师的品牌"取得了一定的成功，由此我们可以认为这款酒最初是在酒吧和俱乐部推出的。这是一个广为认可的策略，许多饮料品牌因此发展起来。该品牌系列已经有了四款酒，而且在高档外卖酒馆中也可买到这款八元素朗姆酒，充分说明其策略见效不错。

"共和"是指由两种分别来自古巴和巴拿马的5年朗姆酒混合而成（古巴和巴拿马都是共和国家），味道不错。该公司网站称，他们的朗姆酒是"爱和热情的结晶，因此我们的朗姆酒比传统朗姆酒品牌口感更顺滑，更醇厚"。

虽然我不确定我这样说是不是有点过分，但这一切都要归功于品牌创始人卡尔·斯蒂芬森。斯蒂芬森提倡"纯粹"的朗姆酒，这在古巴和巴拿马很难找到。然而，他与巴拿马的万利拉加酿酒厂及古巴的海湾酿酒厂合作，获得完全由多塔式蒸馏器蒸馏、不经过冷却过滤的朗姆酒，如此得来的朗姆酒再分别在各自的国家陈年至少5年。独立测试证实酒里不含糖，所以，如果不含糖对你来说很重要，那你完全可以尽情地享受这款酒。

这款酒让我想起了水果蛋糕，里面装满了葡萄干和西梅干，带着一丝诱人、温柔、甜蜜的姜味。它非常适合调配经典鸡尾酒（因此公司将销售重心放在酒吧）。而且，30英镑左右的价格可以说是高性价比了。

43

法昆多新款朗姆酒
（FACUNDO NEO）

品牌所有者：百加得公司

产地：波多黎各

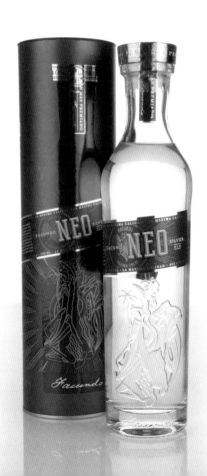

当你在大众市场打下了名气，开展了稳定的业务，而消费者却开始转战高端市场时，你会怎么做？这是一个棘手的营销问题，也是一个特别敏感的问题。以百加得为例，这个公司是家族所有，每个瓶子上都有家族的名字。

百加得给出了答案：将目光转向家族的私人保护区，推出一系列基于家族传统的产品。但这些产品的定位和口味都与常规生产线所生产的产品截然不同。他们把这个新系列叫作法昆多，以此向公司创始人唐·法昆多·百加得·马索致敬，并且去掉了包装上关于公司历史的内容。

不得不承认的是，这款入门级"新款朗姆酒"的包装非常简洁（顺便说一句，入门级是一个相对的说法，因为这款酒的价格是百加得白朗姆的2—3倍）。其特色是包装上出现了百加得公司最早位于古巴圣地亚哥的办公室。根据品牌网站上的说法，这一设计是为了向该建筑致敬。

再来说说帕拉伊索（售价255英镑）。瓶子设计结合了古巴的传统和百加得的特色，细节上参考了原圣地亚哥酿酒厂和哈瓦那宏伟的百加得大楼（实话实说，这是一个世界级的艺术装饰典范），前面和中间有一个大蝙蝠的标志，以防有谁怀疑这款朗姆酒的生产商。

当然，要了解上述背景，你需要知道甚至关心百加得的各种产业，其实大部分财产已经不再为百加得家族所有。在激烈的市场竞争中，百加得急于抓住每一个机会向我们宣传该品牌的古巴血统，这是可以理解的，因此瓶子上才会出现佩夫斯纳风格的宏伟建筑。

法昆多新款朗姆酒是不同寻常的银朗姆酒（我认为是白色的时髦说法）。有点古怪的是，这款酒在陈年长达8年之后再经混合，然后使用木炭过滤以去除颜色。我的味觉不太灵敏，就我而言，这款酒不太像朗姆酒。这个系列中另外三款价格更高的朗姆酒分别为艾克西莫、埃克斯奎斯图和帕拉伊索，它们的年份更久，颜色更深。

44

富佳娜12年朗姆酒
（FLOR DE CAÑA 12 YEAR）

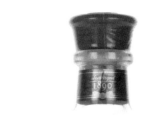

品牌所有者：尼加拉瓜股份公司
产地：尼加拉瓜

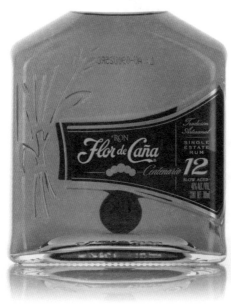

虽然年份较小的朗姆酒只有标准系列或入门系列，但富佳娜的网站大胆地提供了"优级""特级"和"顶级"系列，完全没有假客套。

公平地说，正如他们不断提醒的那样，富佳娜已经获得了180多个国际奖项，在伦敦、芝加哥和旧金山举行的比赛中五次荣获"世界最佳朗姆酒"称号。富佳娜是中美洲的领先品牌和尼加拉瓜的头号出口品牌。

鉴于此，我想我们应该先撇开"优级"和"特级"朗姆，直接看这款入门级酒，说错了，"顶级"12年朗姆酒。顺便说一声，还有两款年份分别为18年和25年的富佳娜，味道都还不错。目前，25年的那款售价不到125英镑。注意，朗姆酒的陈年速度更快且损失更多，相比于类似年份单一麦芽苏格兰威士忌的价格，朗姆酒的价值不言而喻。

有了上面的解释，可知这款12年的富佳娜陈年水平很高。这是否与酿酒厂附近的圣克里斯托瓦尔火山有关，我不得而知。我有一个不切实际的想法，富佳娜也可以在其公司的网站上声称自己的产品是"火山之下的朗姆酒"。虽然圣克里斯托瓦尔火山是个活火山，但富佳娜背后的家族已经在此生活了125年，他们这种淡然处之的态度值得赞扬。

这种耐心使得公司可以大量生产陈年朗姆酒（现在仍可以买到）。20世纪80年代，政治动荡和通货膨胀使得该国国内消费水平下降，但是作为一个根基稳固的家族企业，酿酒厂得以继续生产，这也使得他们的朗姆酒陈年期非常长。如今，该公司从这一产业中受益，朗姆酒爱好者也可以用合理的价格买到高品质的陈年朗姆酒。

这款12年富佳娜味道非常棒。更让人高兴的是，酿酒厂使用百分之百的可再生能源，每年种植5万棵树木以保护其水源，并且循环利用数以吨计的纸板和玻璃，所有这些使得他们获得了不少环保奖项。我们只希望该公司与圣克里斯托瓦尔火山能继续相安无事，如果这一切都被炽热的岩浆所埋没，那就太可惜了。

45

四方木桶烈性朗姆酒2004
（FOURSQUARE CASK STRENGTH 2004）

品牌所有者：R.L.希尔有限公司

产地：巴巴多斯

作为一种酒品，朗姆酒面临的最大问题之一就是没有一个统一的分类标准，至少在许多生产商和销售商看来如此。朗姆酒产地众多，因此无法制定所有人都同意的分类规则，在一个国家适用的规则可能在另一个国家完全禁止。因此，标签上的内容可能会让人摸不着头脑。

主要奖项评定机构均尝试以颜色（例如白色、金色和黑色）来区分朗姆酒，但这只会造成更多混乱。原因在于即使颜色完全相同，也可能是两种截然不同的朗姆酒。更糟糕的是，并非所有生产商都会"说实话"，问题由此变得更加复杂。

话虽如此，我不认为真的有那么多消费者关心分类问题，尽管他们理应这么做。无论如何，一个人不可能知道太多信息。四方酿酒厂的理查德·希尔值得称赞，他采用了由维利尔装瓶公司朗姆项目负责人卢卡·加尔加诺提出的分类系统。

这就是为什么你可以在这款酒的标签上读到"单一混合朗姆酒"的字样，它表明这款产自巴巴多斯希尔酿酒厂的朗姆酒是由壶式和传统塔式蒸馏朗姆酒混合而成的。"传统"的塔式蒸馏器与生产"现代"风格轻朗姆的多塔式设备不同。正如希尔所言："无论如何，你喜欢喝什么就喝什么，但起码得知道喝的是什么。"

在盛放过波本威士忌的美国橡木桶陈年11年后装瓶，这款酒的酒精浓度可以高达59%vol。这款酒也是该酿酒厂特殊木桶系列中的一款：数量较少的限量版。你可能不会直接喝（如果你想要这么做也可以尝试），但鉴于这个酒精度数，你可以尝试稀释，直到找到适合自己口味的朗姆酒和添加物的正确比例。这是多么有趣的一件事！

至于希尔的标志性风格，相比其竞争对手的甜朗姆酒，希尔的朗姆酒缺乏甜味，更加浓烈，香味浓郁，又有糖浆、干果、黑巧克力和干香料的味道。好喝！

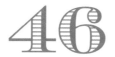

46

四方香料朗姆酒
（FOURSQUARE SPICED）

品牌所有者：R.L.希尔有限公司
产地：巴巴多斯

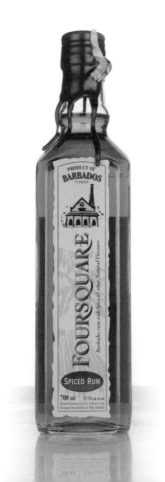

忽略"香料"这个词吧。这款酒出自受人尊敬的理查德·希尔(朗姆界的贵族)之手,产自巴巴多斯的四方酿酒厂。它可能坐落在一个可以追溯到1636年的旧糖厂,但今天它已是世界上现代化程度最高、效率最高的朗姆酒酿酒厂之一。

无论如何,对我来说,香料朗姆酒的重点在于平衡。它们有的甜得令人生厌;有的香料放得过多,尤其是香草,但我认为这款酒的味道恰到好处。纯粹主义者谴责香料朗姆酒的趋势。在很大程度上,我同意他们的观点,但这种感觉刚刚好。肉桂味、丁香、肉豆蔻和姜味很明显,但在其背后,你永远不该忘记,这是一款很不错的朗姆酒基酒。实际上,让我开心的是,它让我想起了有时在圣诞节吃到的五香德国面包,也许还有一点让我想起了模糊记忆中的儿时吃的老式热十字面包。多好啊!

你可以愉快地享用这款朗姆酒,纯饮、加冰或者加入适量姜汁汽水。为了达到更佳的效果,你可以用它来调制一款美味的香料莫吉托。从它相对适中的价格来看,我猜测这款酒的年份很短。即使这样,尝起来也没有丝毫生涩感和灼烧感,这可能归因于其相对适中的酒精度数,仅为37.5%vol(较低的度数反过来成就了较低的价格)。

重要的是,它没有添加人工甜味剂。希尔在加糖这个问题上十分严苛,同时也意味着其不会掩饰朗姆酒的甜味。据说这是一种流传了五代人的家族秘方,比现在流行的香料朗姆酒还要早。

遗憾的是,刚刚进入这个行业的朗姆酒企业并没有从中吸取教训。如果他们真的吸取了教训,那么如今香料朗姆酒的名声就不会这么糟糕,至少在严肃的朗姆酒爱好者中不会如此。

如果你是严肃的朗姆酒爱好者,我强烈建议你以开放的心态对待这款酒,心平气和地尝试一下。另一方面,如果你只是喜欢美味可口的东西,不想在饮料上花大钱,那你可以放心购买。

高斯林黑海豹151朗姆酒

（GOSLING'S BlACK SEAL 151）

品牌所有者：**高斯林兄弟有限公司**

产地：**百慕大**

大家需要注意的是，这种酒不是无缘无故被称为151的。151表示这款百慕大烈酒的标准酒精度（真实的酒精度数为75.5％vol），所以喝的时候要注意了。

　　这款酒装在一个又高又圆的实用瓶子里，因为它叫黑海豹，所以标签上有一张黑海豹的照片，就像所有优秀的海豹应该做的那样，它的鼻子上顶着一桶朗姆酒。显然，这款酒的命名并不是因为这种多才多艺、美化包装的海洋哺乳动物，而是因为最早期的高斯林朗姆酒都装在用封蜡封口的旧香槟酒瓶里。

　　你可能会问，他们从哪里弄来的旧香槟酒瓶？显然这些酒瓶来自英国军官食堂，这是早期废物回收利用的一个典范。

　　该家族从1806年起就定居在百慕大，并在1860年左右开始混合朗姆酒。如今，他们所有的朗姆酒，尤其是黑海豹朗姆酒，都被公认为是朗姆酒中的经典。有40%vol酒精度数的黑海豹，偶尔也会有70%vol（140标准酒精度）酒精度数的黑海豹。既然有140标准酒精度的黑海豹，还有浓度更高的吗？这款黑海豹151就是答案。

　　当然，虽然这款朗姆酒口感非常顺滑，但是不要直接饮用（如果你经常这样做，请寻求帮助）。这款酒非常适合调配鸡尾酒，原因在于它可以与各种不同的调酒饮料融合在一起，散发出浓烈的甘草、糖蜜和香料的味道。

　　然而，有一款经典是在第一次世界大战期间在百慕大研制的"黑暗风暴"，高斯林拥有其在美国的产权。所以明智一点，就用他们的朗姆酒调制饮料吧。

　　这里官方推荐的调酒饮料是巴里特姜汁啤酒，如果买不到，那就像我曾经做的那样，将这款酒与蓝桉树牌烟熏姜汁汽水混合在一起，味道真的不错。

　　乍一看，价格并不便宜，一瓶价格接近40英镑，但是不要忘了这么高的酒精度数，这一瓶朗姆酒相当于市场上两瓶37.5%vol酒精度数的朗姆酒。这很容易理解，毕竟一分价钱一分货。

哈瓦那俱乐部7年陈酿朗姆酒
（HAVANA CLUB 7 YEARS）

品牌所有者：哈瓦那俱乐部控股公司/保乐力加
产地：古巴

虽然我很想把哈瓦那俱乐部所有的朗姆酒都囊括进来（是的，这个系列的酒就好到这种程度），但本书篇幅有限。而且，在"哈瓦那俱乐部"这个品牌名称所有权上，百加得和保乐力加之间的法律纠纷由来已久，愈演愈烈，本身就可以写一本书，限于篇幅，不再赘述。你只需注意的是，如果你的"哈瓦那俱乐部"是在美国买的，那么它很有可能是百加得在波多黎各生产的（律师们请注意，这在那里是完全合法而实惠的）；如果你的"哈瓦那俱乐部"是在美国以外的其他地方购买的，那么它很有可能是在古巴生产的，并且由保乐力加推广销售，该公司与古巴政府联合成立了一家合资企业。

顺便说一句，这场诉讼似乎会一直持续到某一方的钱用光为止。考虑到百加得和保乐力加的公司规模和雄厚财力，他们之间旷日持久的诉讼对于律师来说是个大好消息。真为他们感到高兴。

接着说。我只讨论两款（在古巴生产的）"哈瓦那俱乐部"，这款酒很快就成了我最中意的朗姆酒。问题是，标准的特调朗姆酒和三年的白朗姆酒味道都不错，但是这款酒更合我意。如果将这款酒与其他年份更短的同款朗姆酒相比，那你肯定还是会选择这一款。你可以混合或者直接喝，无论哪种方式，口感都不错，即使多花点钱也值得。

7年陈酿其实是一个相当谦虚的说法。就"哈瓦那俱乐部"而言，它指的是蒸馏、陈年和混合的艺术。这款酒由经过连续陈年后得到的多种不同朗姆基酒混合而成。连续陈年这种工艺是在20世纪60年代由古巴朗姆酒大师发明创造。每一种混合物都有一小部分留到下一批，从而确保每一瓶都保留了第一批混合物的风味。这听起来有点像顺势疗法的混合方法，但证据就在瓶子里，这对我来说已经足够好了。

顺便说一句，要想成为一名酿酒大师，需要15年的学徒期，所以请放心，这些人对他们的手艺忠贞不渝。

毫无疑问，美国的"哈瓦那俱乐部"是完全不同的产品。

49

哈瓦那俱乐部马西莫至尊朗姆酒
（HAVANA CLUB MÁXIMO EXTRA AÑEJO）

品牌所有者：哈瓦那俱乐部控股公司/保乐力加
产地：古巴

我的克制可是出了名的，因此我决定只讨论两款"哈瓦那俱乐部"系列朗姆酒。相信我，这是一个艰难的决定，需要自律。哈瓦那7年陈酿朗姆酒当之无愧成为首选，但我却耗费了不少时间选择要讨论的第二款酒。

虽然通常情况下我对四位数价格的朗姆酒不感兴趣，但我不介意在这里讨论一款超高档酒品。兴许你可能是一名对冲基金经理（或牙医），需要一些相当奢侈的东西。信不信由你，有不少1,000英镑以上的朗姆酒可供选择。虽然朗姆酒的价格还没有单一麦芽威士忌那么夸张，但确实在上涨。

对于这款酒而言，500毫升的价格为1,250英镑左右，而标准容量的瓶装价格超过1,700英镑。或者换句话说，在酒吧里，这款酒一杯的价格约为62.5英镑。

显然，如果你能负担得起1,250英镑，价格就不是问题。如果见到这款酒就买吧，因为他们每年只投放1,000瓶。是因为这样更有吸引力，还是因为他们的仓库只能存放1,000瓶，我不得而知。能买到就赶紧买一瓶吧。

这款酒味道非常不错，但因为类似这样的朗姆酒很小众，因此与更小众的朗姆酒相比就没有意义。

马西莫至尊朗姆酒是用古巴最古老、最稀有的朗姆酒酿造而成的，由哈瓦那俱乐部的大师罗纳罗和唐·何塞·纳瓦罗混合而成，然后用手工制作的水晶酒瓶加以包装，瓶塞上刻着哈瓦那标志性的吉拉尔蒂拉酒店形象。

我很高兴地告诉你，这是一款味道特别丰富、复杂和微妙的产品。虽然它不会改变你的生活，但是喝完后，你对它的看法会大为改观。你需要慢慢品尝，不是因为价格（嗯，有一点点是因为价格），而是因为味道的惊人演变。朗姆酒存放在玻璃瓶中，里面的微生物仍在呼吸，所以味道在不断变化，散发出诱人的芳香和风味。相信我，你必须相信：这款酒来之不易，需要细细品味。

50

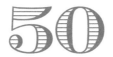

J. 高香料朗姆酒
（J. GOW SPICED）

品牌所有者：VS酿酒有限公司
产地：苏格兰

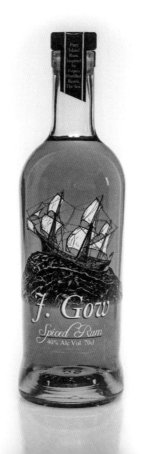

新朗姆酒品牌的基本要求之一：在一个遥远的异国小岛上有酿酒厂，有了；

新朗姆酒品牌的基本要求之二：海盗故事，有了；

新朗姆酒品牌的基本要求之三：本地原料，有了；

新朗姆酒品牌的基本要求之四：炎热潮湿的气候，呃，没有……

这到底是怎么回事？嗯，VS酿酒厂（建立时间很短，但所有的酿酒厂都是一样的）在一个岛上，他们有自己的海盗故事和一些当地的原料，但是这个岛是小霍尔姆岛，是奥克尼群岛的一部分，海盗则是当地的坏男孩约翰·高。1725年6月11日（星期一），他在伦敦的行刑码头上被海军部绞死，手段残忍，结局悲惨。我知道他不是在很"清醒"的情况下被"处死"的，但这是18世纪的说法。

事实上，令人发指的是，为了确保约翰·高必死无疑，海军部执行了两次绞刑，而后在他全身上下涂上焦油，将尸体悬挂在泰晤士河上，再经历三次潮水的冲刷。总之，他变得"家喻户晓"。丹尼尔·笛福写下了他短暂而暴力的一生，吉尔伯特和萨利文自由发挥，将高的故事改编成他们的轻歌剧《彭赞斯的海盗》。现在他有了一种以自己名字命名的朗姆酒，不过作品似乎配不上这份荣耀。

如今，奥克尼是酿酒的好地方，那里有优质的单一麦芽威士忌，还有一些不错的金酒。VS酿酒厂是一家新公司，创始人是家族企业奥克尼葡萄酒公司的科林·范·沙克。"我们正在考虑如何实现业务多元化，做一些不同于金酒或威士忌的酒品。"他告诉我，"我们都喜欢朗姆酒，所以选择朗姆酒是显而易见的。这是奥克尼第一家酿酒公司，而且很符合岛上的航海传统。"

盛装纯朗姆酒的酒桶已经准备好，但与此同时，他们还推出了这款香料朗姆酒，味道不错。姜味十足，加入了大量肉桂，但没有加糖，装瓶时的酒精度数为40%vol。

"本地原料"呢？当然，这是秘密，也是最基本的要求。

51

J. 雷&侄子超标白朗姆

（J. WRAY & NEPHEW WHITE OVERPROOF）

品牌所有者：金巴利集团

产地：牙买加

酒精超标绝对是牙买加的特色，而这款"雷&侄子"超标朗姆酒就是个例子。是的，正如名字所说的那样，这款酒的酒精含量超过标准，装瓶时的酒精度数高达63%vol，所以起初要小心饮用，之后也不可掉以轻心。

　　现在，"雷&侄子"公司是意大利金巴利集团的一部分（旗下还有阿普尔顿品牌）。该公司始建于1825年，如今已是一家大企业，拥有超过1.1万英亩的甘蔗种植园、一家甘蔗精炼厂和酿酒厂。

　　我认为这款酒是朗姆界的恐龙，但事实证明我错了。恐龙已经灭绝，这款超标朗姆酒依然畅销。所以，这款酒就像一只腔棘鱼——虽是来自另一个时代的幸存者，但在这个时代生长得也不错。营销人员最好忽略其简单的包装，因为高质量的产品足以说明一切。据说牙买加市场上90%的朗姆酒来自雷&侄子公司。很明显，他们做得不错。

　　当然，度数这么高你肯定不会直接饮用（至少我不建议这么做）。这款酒最适合用来调配其他酒，味道极佳，水果的自然香气和糖蜜味也恰到好处。但这可不是一款劣质酒精制作而成的高度数朗姆酒，它的丰富味道能提升鸡尾酒的醇厚口感，或许还并不会引起不适。当然，这对于不了解情况的人来说更危险。

　　这款酒的醇厚绵长给鸡尾酒带来鲜明特色，也是纯正浓郁的牙买加朗姆潘趣酒的关键元素。有些朗姆潘趣酒中含有大量的水果，一杯潘趣酒可以抵一个水果了——假如你一天吃五个水果的话，虽然严格意义上来说，医生不会建议你这么做。

　　但你所拥有的是一种文化符号，就像威士忌对苏格兰的影响一样，朗姆酒是牙买加的一部分。这款酒堪称牙买加的传奇，因为它已经不单单是一种饮料，更象征着一种强大的精神。

　　在商业街上，你能够以不到25英镑的价格买到这款朗姆酒。只要你看到了这款酒简易的包装，并且了解它真正的质量，那就买下来吧，非常划算。但需要饮料行业喜欢提醒我们的那样：请谨慎饮酒。这取决于你自己！

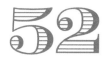

杰斐逊特级黑朗姆酒
（JEFFERSON'S EXTRA FINE）

品牌所有者：怀特黑文港务专员公司
产地：混合

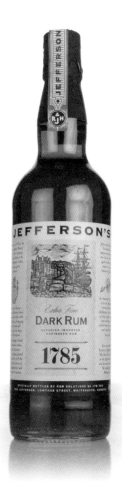

到怀特黑文去吧，那个位于湖区北部坎布里亚郡的海滨小镇。怀特黑文的历史异彩纷呈，基本保留了乔治王朝时代的城镇规划，也有一些宏伟的乔治王朝时代建筑（遗憾的是，许多房屋似乎亟须翻修）和一个专门展示朗姆酒历史的展览中心。这是英国首家朗姆酒展览中心，非常值得一游。

这个命名巧妙的朗姆酒故事讲述的是……嗯，你可能已经猜出个大概了。怀特黑文在18世纪时曾是一个贸易繁荣的港口。1778年4月，美国海军发动了一场著名的袭击，怀特黑文成了攻击的目标。自那以后，怀特黑文便陷入了长期的经济衰退。

成立于1734年的杰斐逊酒庄是一家家族酒商公司，从1785年开始，他们在安提瓜岛的家族庄园里生产朗姆酒。据说这是英国最古老的品牌。杰斐逊酒庄曾经生意兴隆，其财源不仅仅来自烈酒贸易。杰斐逊酒庄于1998年6月关闭，为了吸引更多的游客观光，他们的经营场所，包括一些数十年人迹罕至的区域都被改造成了"朗姆酒故事"主题园区。

在格林纳达的安托万河畔庄园里，特色之一就是一段精彩的短片，它记录了河畔朗姆酒在古老壶式蒸馏器中生产的过程（令人沮丧的是，河畔朗姆酒只在格林纳达销售）。

然而，一旦你看完园区的所有展览，就会萌生出去小商店买朗姆酒的冲动。而且你知道吗，他们早就料到了。一瓶杰斐逊特级优质黑朗姆酒的价格为30英镑，非常合理。这是一种优质海军风格的黑朗姆酒，消息灵通人士告诉我，这款黑朗姆很可能是由产自圭亚那和牙买加的壶式蒸馏和塔式蒸馏朗姆酒混合而成的。如果你想挥霍一次，那么这里还有一款24年限量版杰斐逊朗姆酒，售价为100英镑左右。

不管具体成分是什么，这款酒致敬了消失的杰斐逊帝国，也是杰斐逊帝国留下的一种遗产。这款酒散发着诱人的焦糖味、浓郁的香料味，还有一点糖浆味，可以加冰、混饮或调成鸡尾酒，总之味道都不错。

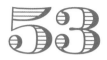

北海巨妖香料黑朗姆
（THE KRAKEN BLACK SPICED RUM）

品牌所有者：普罗西莫烈酒
产地：特立尼达

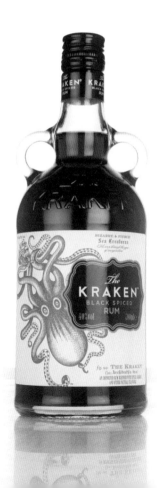

你不会想要见到真实的北海巨妖，当然你也不会想要招惹它。幸运的是，北海巨妖只是传说中的一种生物，据说它的形象源于早期航海者亲眼所见的巨型乌贼或章鱼，但航海先驱和自然学家曾经认为这种神秘生物真实存在，并且样貌十分可怕。

如今，饮料行业的营销人员对这款"北海巨妖"的态度不亚于古代水手对北海巨妖的敬畏之情。自2010年在美国推出以来，北海巨妖香料黑朗姆酒的销量以惊人的速度增长（这个庞然大物花了大约一年的时间才横渡大西洋，途中无疑吓坏了一些水手），可以说是一种现象级增长。这款酒是市场上销售速度增长最快的朗姆酒之一。到目前为止，其增长似乎势不可挡。

产品本身很简单：以特立尼达朗姆酒为基酒，加入浓烈的糖蜜，陈年两年，然后与肉桂、姜和丁香等11种香料混合。这款酒虽然标明颜色是黑色的，其在瓶中也呈现这种样子，但其实这种液体本身更像是深褐色。实际上，人们一定会在里面加入可乐，并在昏暗的酒吧里享用，什么颜色也就不重要了。我认为这款酒味道非常不错，尤其是它酒劲很足。不过如果你喜欢喝香料朗姆酒的话，可能还有其他更独特的酒品。

这款酒的成功主要归因于卓越的市场营销。我们从包装开始讲起。一只面目可憎的巨型章鱼占据了整个标签的大半部分，可以说设计师真正理解了蒸汽朋克精神，并且还取得了不错的效果。翻阅该公司的网站，欣赏一下也是件乐事。这只巨大章鱼的灵感来源于法国软体动物学家皮埃尔·德蒙福特的一幅插画作品。该公司在营销的各个方面都做得相当不错。就我而言，我可不想当其他朗姆酒的品牌经理来和这款北海巨妖一较高下，因为我害怕被拖到戴维·琼斯的储物柜里。

这款酒价格不高，背后的故事也很有趣，因此颇受青年群体的喜爱。

54

失落的灵魂海军风格朗姆酒
（LOST SPIRITS NAVY STYLE RUM）

品牌所有者：失落的灵魂

产地：美国

自从人们开始把蒸馏酒放入桶中，并注意到长时间的储藏可以改善酒的味道后，加速蒸馏过程就成了这个行业努力的目标。人们可能不会在公共场合过多讨论这个话题，但是这么多年来人们做了很多实验来改善陈年的过程，既不需要漫长的等待，也省去了酒桶、仓储和蒸发带来的成本。

科学家们，把目光移开吧。简单地说，在木桶中陈年（顺便说一句，不一定是橡木，栗子木在朗姆酒历史上也一直扮演着重要角色）的烈酒会发生重要的化学变化。新制蒸馏液的特点是具有短链分子（羧酸酯和短链脂肪酸），散发出涂料稀释剂和醋的味道。然而，随着时间的推移，这些短链分子与木材发生反应，产生更美味的新型化学物质，尤其是酚类、苯甲酸和香草醛，再经历一个称为酯化的过程，由此产生甜味、花香、坚果的味道以及非常诱人的菠萝香味，难闻的味道很快就会消失。然而，所有这些都需要时间，时间就是金钱。

"失落的灵魂"在洛杉矶的"臭鼬工厂"可不是这样的。自学成才的酿酒师布莱恩·戴维斯建造了一座"反应堆"，将盛放在橡木桶里的新酒置于强光和高温的环境中，在短短六天的时间里，这种酒的味道就会变得几乎与陈年长达20年的朗姆酒相同，而且在色谱分析中，其结果几乎无法分辨出来。更重要的是，它尝起来像真的一样。

海军风格朗姆酒是他的旗舰产品，这款原酒的酒精度数（68%vol）致敬了圭亚那著名的皇家海军朗姆酒。显然这款酒倾注了酿酒师的热爱，很大程度上受到了颠覆科学的影响，这是硅谷的风格（这款酒就像蒸馏界的"优步"一样挑战了传统）。

如果不知道这些信息，你可能会理所当然地认为这款酒在炎热潮湿的加勒比海地区陈年了很多年。虽然从逻辑上讲，在星际迷航式的"反应堆"里待6天不可能产生传统的陈酿风味，但你的鼻子和味蕾告诉你的却不是这样。

并不是每个人都关心"失落的灵魂"技术的潜在影响，让一个铁杆朗姆酒爱好者闭上眼睛品尝这款酒，看看会发生什么。提示：当你揭示真相时，他一定会惊得退后好几步。

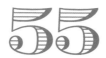

洛斯·瓦伦特斯20年朗姆酒
（LOS VALIENTES 20）

品牌所有者：维拉克鲁斯酒业有限公司
产地：墨西哥

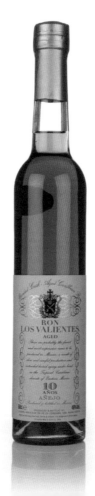

你会看到一款瓶身呈手枪状的莫坎博朗姆酒，真是让人叹为观止（如果你按照传统的方式阅读这本书，你至少会有这样的感受；但如果你从后面开始，那么你就已经知道我要说什么了）。洛斯·瓦伦特斯系列陈年墨西哥朗姆酒是为了纪念那些拿着手枪，愤怒开火的人们。这两款酒都来自同一家公司，即维拉克鲁斯酒业有限公司。

"洛斯·瓦伦特斯"的意思是"勇敢的人"，此处意指当地军队中勇敢而高贵的士兵，他们参加了墨西哥独立战争（抗击西班牙军队）。这款洛斯·瓦伦特斯给了我意想不到的快乐。

谁会想到一款由双重壶式蒸馏的甘蔗汁（实际是一种农业朗姆酒）和塔式蒸馏的糖蜜朗姆酒混合而成，陈年20年，然后运到大西洋对岸的朗姆酒售价还不到30英镑？这可是半升的瓶子，而且该酒的酒精度数为43%vol，如果装在标准容量的瓶子中售价也不到40英镑，非常划算。

坦白地说，我没料到，因为我可以肯定的是这款酒绝无仅有。如果这是苏格兰威士忌，酒厂至少要收两倍于此的价格，而且在其意识到定价太低之前，顾客就会争先恐后地抢购，队伍也会排得很乱。这款酒的味道相当不错，还能闻到泥土的芳香味、坚果味以及一点烟熏味。口感中有松露的味道，奇怪的是，这种味道让我隐约想起了古老的阿玛尼亚克酒，然后它就像遥远的墨西哥流浪派乐队一样慢慢消失。虽然莫坎博可能是该公司的主打朗姆酒系列，但他们在这里藏了一些相当特别的东西。

独特的配方和陈年过程，夺人眼球的白兰地风格蒸馏器，小批量生产以及超高品质造就了这款非凡的朗姆酒，它真正配得上洛斯·瓦伦特斯这个名字。如果你没有想到过墨西哥的朗姆酒（我承认我没有想过），不妨尝尝这款酒。

56

马拉马朗姆酒

（MARAMA）

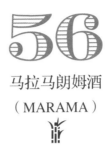

品牌所有者：巴维兰酿酒集团

产地：斐济

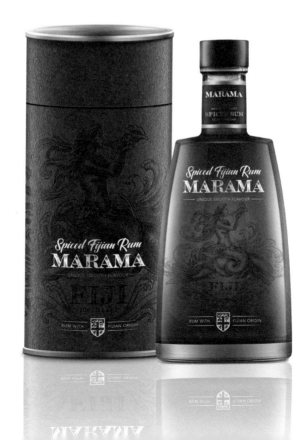

虽然市面上有马拉马朗姆潘趣酒，但这款酒不是，所以我们需要更深入地研究这个有趣的产品。事实证明，这是一款来自斐济的淡香型朗姆酒，去年才在英国推出。这款酒由西班牙巴维兰酿酒厂出品，该公司还推出了雷里卡里奥朗姆酒。

这就是朗姆酒有趣的地方。谁会知道他们在斐济生产朗姆酒？有谁想到那里有个酿酒厂？我当然没有想过，但是人每天都能学到一些新东西（至少我今天学到了）。"马拉马"在斐济语中的意思是"女士"，多亏了互联网，我还了解到有35万—45万的斐济人说马来-波利尼西亚语系的南岛语（我发现这个人数比讲盖尔语的人还要多）。

话又说回来，我早该猜到，因为瓶子的正面有一个美人鱼在海豚背上吹奏海螺壳，卖弄风情。这引用了19世纪探险家J. 格里芬博士的故事，据说格里芬博士对斐济美人鱼的传说非常着迷，声称自己曾与美人鱼有过一面之缘，然后便消失在了历史的长河中。

然而，我担心偏离了主题。你需要知道的是，这是一款塔式蒸馏朗姆酒，由斐济的甘蔗和经过火山土壤过滤的水制成。经过3—5年的陈年，而后加入异国植物、本地水果、香料、香草和柑橘等原料。遗憾的是，这些味道掩盖了基酒的味道，我很想尝一尝不加任何调味品的纯正斐济朗姆酒。

事实上，这款酒适合在聚会场合饮用，冰镇后加上可乐再合适不过，这样可以减少直接饮用时令人生厌的甜味。

马拉马是一款令人愉悦的产品。除非我大错特错，它很可能就像能激发灵感却难以捉摸的美人鱼一样，在海岸上稍纵即逝，否则，更好推广的香料朗姆酒看起来似乎会超越这款酒，而马拉马也会跟随已故的J. 格里芬博士成为神话传说。

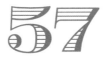

玛图加金朗姆酒
（MATUGGA GOLDEN RUM）

品牌所有者：玛图加饮料公司
产地：英国

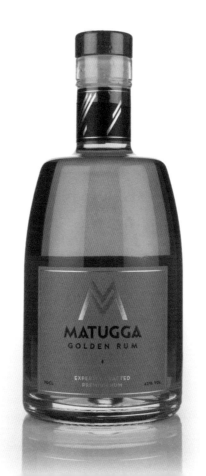

这种酒里有非同寻常的东西——东非糖蜜。它在英国的一个小酿酒厂蒸馏，然后在英国橡木桶中陈年（我们认为这款酒是在使用过的波本桶或雪利桶中陈年）。

该酒的发明者是保罗和杰辛·鲁塔斯克瓦夫妇，他们在距乌干达首都和最大城市坎帕拉北部约13英里的玛塔加拥有大量土地，并且在那里种植甘蔗，提取糖蜜，然后运往英国，由约翰·沃尔特斯博士的英国烈酒酿酒厂接手。

英国烈酒酿酒厂成立于2009年，是酿酒界的老牌企业。该酿酒厂因其生产的小批量烈酒和老水手朗姆酒而知名。他们宣称"结合了东非传统的英国朗姆酒"，这款酒不仅推广了"东非丰富的自然资源，同时展示了英国最好的微型酿酒厂工艺"。

然而，这是一个非常不寻常的产品，我怀疑，人们要么非常喜欢，要么非常讨厌。就我而言，这款酒散发着烟熏味和久久不散的焦糖味，来自未经烘烤橡木桶的木头味过于明显。你可以用来烹饪，但它的价格将近40英镑，非常不划算，所以这款酒并不能打动我。我很抱歉，虽然我很想试着喜欢它。

按照其公司网站的解释，"Pole pole ndio mwendo"在斯瓦希里语的意思是"慢慢地，慢慢地"，这是一个很好的建议。但我只希望玛图加团队能听取他们自己的明智建议。我感觉它需要进一步陈年，好让奇怪和刺鼻的味道消失。

为什么不在乌干达蒸馏和陈年这种酒，在当地创造一些就业机会，提供一款真正本土的朗姆酒呢？

当然，为了公平起见，我必须要说，网上的评价还不错，有人说这款酒可以调配不少好喝的鸡尾酒。如果你想尝试新鲜的事物，不妨尝尝这款酒。

玛督萨特别珍藏朗姆酒
（MATUSALEM GRAN RESERVA）

品牌所有者：1872控股公司

产地：多米尼加共和国

这里的描述好比你试着把所有的问题厘清，结果却头晕目眩，最终在沮丧中放弃了。

这并不是说我们没有足够好的产品，只是公司的营销模棱两可，让人困惑。以酒瓶为例，上面公然印着"始于1872"的字样。确实有一家玛督萨公司于1872年在古巴建立，但那个品牌于1959年被收为国有。一些本地生产仍在继续，但在国际上，该品牌开始走下坡路，而且就像老套故事那样，该家族的不同分支陷入了内部纷争。最终，在养肥了许多律师之后，该公司创始人的曾孙克劳迪奥·阿尔瓦雷斯·萨拉查博士获得了该商标的控制权，并于2002年在多米尼加共和国的一家酿酒厂重新推出了玛督萨。但是"始于2002年"听起来并没有那么令人印象深刻，所以硬是加上了130多年的历史。

然后是贴有醒目数字15和"古巴原始配方"字样的标签，我认为这有点过分了。标签上的15很容易被认为是这款酒的年份（尽管我马上就为该公司试图误导人的行为开脱），而实际上，这里的15与索莱拉系统有关。至于所谓的古巴原始配方，你已经读过历史了，所以你自己决定吧。事实上，他们曾做出了努力，但没能走得更远，欧盟法院于2014年6月否决了他们注册"古巴烈酒"的尝试。

直到最近，这种朗姆酒才获得生产许可，品牌最终所有者1872控股公司（看，又是1872）最近在多米尼加共和国的蒙特普拉塔新建了一个漂亮的生产工厂，据说每年能生产50多万箱朗姆酒。显然，该公司将会继续使用家族秘密配方。"秘密配方"，谁知道呢！

至于朗姆酒本身，其口感颇为顺滑。我猜是加了一点糖（独立测试也证实了这一点），但平衡性很好，口感柔软温暖，如果你仔细品味，就会发现有蜂蜜、橡木、香料、香草、香蕉和橘子皮等味道。在我看来，这款酒性价比很高，30—35英镑的价格也很合理。

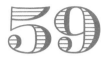

梅德福朗姆酒

（MEDFORD RUM）

品牌所有者：格兰登酿酒公司

产地：美国

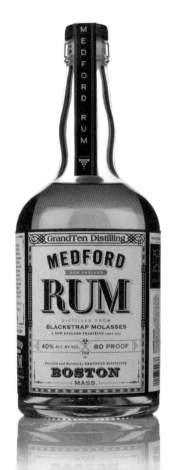

朗姆酒曾经是美洲的经典饮料。事实上，17世纪末，那些殖民者非常依赖它。旅行家爱德华·沃德在1699年写道，朗姆酒被美洲的英国人视为一种财富，是他们灵魂的慰藉者、身体的保护者、忧虑的解除者和欢乐的促进者，能够有效治疗内脏损伤、脚上的冻疮和受伤的心灵。

正如许多评论家所指出的那样，仅新英格兰就有150多家著名的酿酒厂，他们从英属西印度群岛进口多达650万加仑的糖蜜。为了给糖蜜这种重要成分征税，政府于1764年颁布了非常具有代表性的《食糖法》。"无代表，不纳税"针对的就是这些情况。

在警告殖民地民兵，英军即将来袭的过程中，保罗·里维尔拜访了居住在马萨诸塞州梅德福市家中的艾萨克·霍尔，成就了一次著名的访问。事实证明，这不是一次简单的礼貌之行。据前总统候选人温德尔·威尔基的哥哥H. F. 威尔基说，梅德福以出产新英格兰最好的朗姆酒而闻名，而霍尔是个酿酒师，他的朗姆酒足以让"兔子咬斗牛犬"[1]。

不管梅德福的朗姆酒有多好，最终还是在与波本威士忌和黑麦威士忌的竞争中败下阵来。梅德福的最后一家酿酒厂于1905年关闭，其在禁酒令期间出售了酿酒设备。该品牌名称的所有权似乎不止一次易手，这款梅德福朗姆酒如今由南波士顿的格兰登酒厂酿制而成，后者是美国新一波手工酿酒厂之一。

就像古老的梅德福酒厂一样，他们使用纯黑糖蜜，加入新英格兰野生酵母，并在纯铜小批量蒸馏器中蒸馏。得到的蒸馏酒在烘烤过的美国白橡木桶中陈年，木材的影响是显而易见的，甚至让酒品具有了一种更清淡的波本威士忌，以及黑糖、香草和凯乐奶油硬糖的味道。

1　转引自 Wayne Curtis 的 *And a Bottle of Rum：A History of the New World in Ten Cocktails*。遗憾的是，我没有查到原始文献。这个说法很形象，不是吗？——作者注

60

梅赞巴拿马2004朗姆酒

（MEZAN PANAMA 2004）

品牌所有者：梅赞

产地：巴拿马

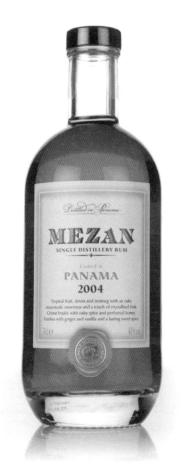

事实上，许多梅赞系列的朗姆酒足以让朗姆酒爱好者侧目，而这一款朗姆酒更有吸引力。我选择这款梅赞巴拿马2004 的原因不外乎：1. 价格实惠；2. 本书中巴拿马朗姆酒的数量不多，这款朗姆酒正好可以用来展示该国的酿酒传统。不用说，它也非常好喝。

梅赞不是酿酒厂，而是一家装瓶厂，总部在哪里还不完全清楚，据说是在加勒比海，那是一个相当大的领域。根据他们的网站信息，他们有一个眼光敏锐的酒窖总管（人们会认为拥有敏感的味觉更好，我们暂且不论）。显然，他走遍了整个加勒比海地区寻找宝藏——未被开发且由同一家酿酒厂蒸馏一年精心制作的朗姆酒。加勒比海面积超过100万平方英里，所以他显然很忙。

暂且不论公关人员夸夸其谈的说辞，他们的意思似乎是说，梅赞擅长发现因各种原因而被大家忽视的朗姆酒，再将这些酒装瓶送到消费者手中。值得称赞的是，他们选择朗姆酒再将其装瓶的整个过程都遵循三条简单的原则：不加糖、不着色、只简单过滤。

几乎所有的酒品都产自同一家酿酒厂，一般都是匿名的，不过偶尔也会生产巴里克XO这种由多家酿酒厂制造的牙买加朗姆酒。重要的是，他们的产品公开透明。如果你真的很感兴趣，并且愿意在网上搜寻详尽信息，那你应该能够发现自己感兴趣的那款酒的来源。或者，你也可以直接来上一杯，享受美酒，推测酒的来源。

简而言之，这是款真正的好酒。至少我的味觉如此认为，我不仅品尝了这款巴拿马朗姆酒，还品尝了梅赞出品的圭亚那2005、牙买加2005、特立尼达2007和牙买加巴里克XO。所以，如果可以的话，尝尝这款巴拿马2004；如果买不到的话，也别伤心。毕竟这种限量版朗姆酒很快就会卖光，且很快会被同样有趣且物超所值的朗姆酒所取代。

61

莫坎博10年朗姆酒

（MOCAMBO 10 YEAR OLD）

品牌所有者：维拉克鲁斯酒业有限公司

产地：墨西哥

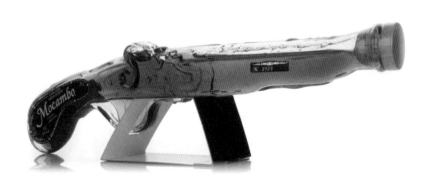

这款莫坎博朗姆酒由维拉克鲁斯酒业有限公司出品，产自位于维拉克鲁斯的小型家族酿酒厂。分别在连续塔式蒸馏器和壶式蒸馏器中对糖蜜和甘蔗汁进行发酵。经过蒸馏、过滤和在欧洲白橡木桶陈年以后，再在维拉克鲁斯酒业有限公司装瓶。该酿酒厂还生产龙舌兰酒、美斯卡酒、伏特加和各种烈酒。

由维拉克鲁斯酒业有限公司生产的朗姆酒的种类相当广泛，但在英国，最常见的就是这款莫坎博10年，它被装在一个海盗手枪形状的瓶子（200毫升）中，也有一些装在普通酒瓶中。该酿酒厂也生产白朗姆与其他类型和品牌的朗姆酒。

虽然手枪形状的玻璃瓶子乍一看很怪异，但也有不少人喜欢，我想这会给"只有傻瓜和马"的主题家庭酒吧带来某种复古魅力。下面衬垫的乙烯基材料使其外观显得更加美观。

但是，如果你仅仅认为这款酒只有外形具有特色，那就大错特错了，因为朗姆酒本身的味道也很不错。而且这支"手枪"极具地方特色，它是仿照墨西哥独立战争期间使用的手枪设计的。因此，至少在墨西哥，这是争取解放和民族认同的象征。

至于朗姆酒本身，如果你买了这款酒，请记住，它的味道令人愉快，散发着浓郁香草、香料、炖水果和甘草的味道，特别清爽。这款朗姆酒陈年得刚刚好，没有木头的味道。

虽然市面上有性价比更高的朗姆酒，但考虑到这种朗姆酒瓶子的独特外形，还是值得购买的，至少要买一次吧。

莫尼马斯克经典金朗姆酒
（MONYMUSK CLASSIC GOLD）

品牌所有者：牙买加国家朗姆酒公司
产地：牙买加

提到朗姆酒，就不得不提奴隶制。这个话题在历史文献和怀特黑文的《朗姆酒故事》中都有详尽描述，但我们在这本书中还没有涉及。莫尼马斯克是一个很好的切入点，尽管它与18世纪奴隶贸易的联系并不独特，但类似的故事遍及整个加勒比地区。

最初的莫尼马斯克在阿伯丁郡，但在1755年，格兰特家族（至今仍居住在苏格兰）在牙买加获得了大量以他们家族命名的地产。阿奇博尔德·格兰特爵士在西非拥有一个奴隶站，这些奴隶为牙买加的莫尼马斯克庄园提供劳动力，在那里种植甘蔗，蒸馏朗姆酒。幸运的是，奴隶们早已获得自由，但酿制朗姆酒的传统保留了下来。

多年来，其生产的所有朗姆酒都售卖到了其他公司，用于混合和调配其他品牌的朗姆酒。如今，这个庄园拥有一个大型酿酒厂，以生产各种各样的酒类。这里生产的大部分朗姆酒用于生产摩根船长和美雅士朗姆酒，他们的母公司帝亚吉欧集团对这家酿酒厂很有兴趣。

然而，在2009年获得投资后，该公司决定推出几款系列朗姆酒，并以"莫尼马斯克"的名字命名。莫尼马斯克朗姆酒混合了壶式蒸馏和塔式蒸馏朗姆酒，经过长时间的发酵，省去了装瓶前的冷却过滤，由此赋予了莫尼马斯克鲜明的特色。

在一定程度上，莫尼马斯克经典金朗姆酒是一个伟大的起点。其酒体轻盈，口感顺滑，在混合饮料中独树一帜。品尝时，熟香蕉、正宗水果鸡尾酒和花香味扑鼻而来。在口感上，甜味和辛辣味恰到好处，绵密清爽。这绝对可以让"不喜欢朗姆酒的朋友"（我们身边总会有这样的人）大吃一惊，然后改变对朗姆酒的看法。

通常情况下，在专业库存商那里就可以买到这款酒，价格在30英镑左右或者更少，其简单的包装掩盖了高贵的血统和卓越的品质。

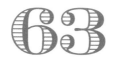

凯珊XO朗姆酒

（MOUNT GAY XO）

品牌所有者：人头马君度集团

产地：巴巴多斯

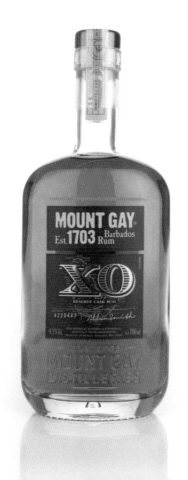

正如我们所指出的那样，朗姆酒世界中存在着一个重要分歧：有的生产商坚持在装瓶之前立刻加糖，有的则反对这种做法。凯珊坚定地站在不加糖的阵营里，这不仅仅是因为巴巴多斯的法规禁止添加任何添加剂，还因为该公司本身就坚决反对加糖这种做法。

所以，在品尝它们的任何一种口味时，你的味蕾都必须为一种不甜的口味做好准备。虽然巴巴多斯最初的居民是英国人，但如今的凯珊品牌由法国人头马君度集团所有，这也反映在更为简朴的风格和不同朗姆酒的命名上。

凯珊有两种更便宜的朗姆酒：月食和黑酒桶，味道都非常不错，但我建议你多花几英镑买一瓶凯珊XO。只要比黑酒桶多出5英镑，你就能得到一种精心酿造、酒劲十足的朗姆酒，其中壶式蒸馏的朗姆酒所占比例更大。这款酒由7—15年不同年份的朗姆酒混合而成，超长的年份使得朗姆酒的风味和口感更加浓郁。

这确实是一个相当复杂的产品，也许它最适合啜饮，以品尝独特的香柏木、旧皮革和深色蜜饯水果的味道。首席调酒师艾伦·史密斯负责挑选酒桶，以及在最后装瓶时将壶式蒸馏和塔式蒸馏的朗姆酒混合在一起。

作为加勒比地区最受尊敬的调酒师之一，他因诸如XO这样的酒品而闻名于世，尽管稀有的1703（参见下一款酒）更能代表他的技艺。

虽然不是岛上唯一的酿酒厂（马里布也是在巴巴多斯生产的，这是我最后一次提到这个品牌），但凯珊是岛上最大的酿酒厂之一，其产品行销世界各地。

除此之外，他们还经营着一个设备完善的游客中心，游客可以参观不同的地方，看看朗姆酒的生产和陈年过程。由于旅游业是该岛经济的重要组成部分，因此酿酒厂是个很受欢迎的旅游目的地。

64

凯珊1703陈酿朗姆酒
（MOUNT GAY 1703）

品牌所有者：人头马君度集团
产地：巴巴多斯

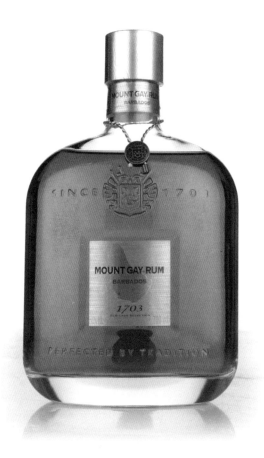

该酿酒厂尤其是他们的营销团队，往往对历史非常感兴趣，凯珊也不例外。但也许我们可以原谅他们，因为这家巴巴多斯酿酒厂因作为朗姆酒的诞生地而闻名遐迩。

第一家酿酒厂成立于1703年，后几经易主，直到一位名叫约翰·索伯的人带来了约翰·盖伊·艾里恩爵士（另一位杰出的巴巴多斯人）来管理庄园。他引进了新的甘蔗品种，提高了作物产量，并且改进了生产过程。这些创新至关重要。艾里恩爵士于1801年去世，为了表彰他的贡献，索伯以他的名字给庄园命名。这也是一件好事：索伯并不适合用来当作品牌名称[1]。

我有一条不成文的规则，就是避免选择任何标价在3位数的酒品，我担心这款酒打破了这一规则。我们必须承认，对于任何一瓶东西来说，这都是一大笔钱，但正如瓶上所写，这款酒"完美地结合了传统"，谁能对此提出异议呢？

凯珊1703陈酿朗姆酒由酿酒厂最古老的蒸馏酒混合而成，这些朗姆酒的酿造年份在10年—30年之间，超长的年份使其XO的品质提升了一个层次，味道更浓郁，酒劲更足。

酿酒厂声称这款酒具有橡木、太妃糖、皮革、熟香蕉、蜜饯水果和香料的味道。我不同意这些观点，我想再加上一点烤菠萝的味道，以及令人难以捉摸、极具魅力的"陈年葡萄酒"的味道。陈年葡萄酒的味道是优质陈年干邑的标志，能在这款酒中尝出这种味道让我兴奋不已。

由于缺乏足够高质量的陈年酒，其供应量有限，每年只推出约12,000瓶。你可能要花大价钱才能买到一瓶，但这种努力将得到丰厚的回报，那就是一次超级明星朗姆酒的体验。

据说凯珊的调酒师艾伦·史密斯在生产产品前尝试了44种不同的调酒方法，直到完全满意为止。他做了所有的艰苦工作，而你只需要打开你的钱包，然后坐下来享受。对了，尽量保持清醒。

---

1 索伯的英文为"Sober"，意为"清醒的，未醉的"，自然不适合作为酒类品牌名。——译者注

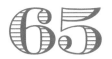

美雅士黑朗姆酒

（MYERS'S RUM ORIGINAL DARK）

品牌所有者：帝亚吉欧

产地：牙买加

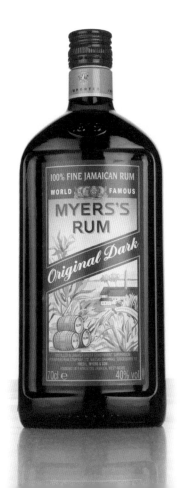

这是帝亚吉欧的另一个二级朗姆酒品牌，也是一个享誉世界的著名品牌，在朗姆酒成为时尚之前，它就已经是一个经典的鸡尾酒品牌了。该品牌自豪地宣称自己"世界著名"，这应该不仅仅是营销的说辞。美雅士一直深受英国服役人员的喜爱，不论我们的军队出现在哪里，美雅士总能出现在海陆空军小卖部内。人们喝着性价比极高的朗姆酒，享受着美好的时光，美雅士由此被人们铭记于心中。

该公司最初是由一个与英国皇家海军有贸易联系的犹太家族创建的。弗雷德·L. 美雅士于1879年创立了这个品牌，并于1934年在美国推出产品，后被施格兰收购。随后，在全球烈酒行业特有的持续整合过程中，其最终被帝亚吉欧所收购。帝亚吉欧让该品牌在很大程度上保持了独立，这是明智之举。如今，这一品牌和朗姆酒都散发着一种复古的魅力，使得美雅士在良莠不齐的新酒世界里拥有了至关重要的可信度。

这款酒产自牙买加，混合了9种不同的以糖蜜为基础的连续塔式蒸馏朗姆酒，然后在白橡木桶中陈年长达4年。正如你所料，它酒体厚重，有点烟熏味，颇具苦味（但不让人讨厌）。当你倒酒的时候，一股浓郁的糖浆味就会从杯子里溢出来。但这不是这款朗姆酒的亮点，想要体会其绝妙之处，你得是一名老兵或水手，并且想要重拾那段为国王服役时的青春时光。

美雅士的浓郁味道是鸡尾酒的特色，最著名的是种植园主潘趣酒。弗雷德·美雅士发明了这款酒，愿他的名字永垂不朽，他用"古老的种植园配方"来命名。这不是一本关于鸡尾酒的书，但它确实是一款经典的鸡尾酒：一份酸的（柠檬汁）、两份甜的（糖浆）、三份烈酒（朗姆酒，我建议用美雅士黑朗姆酒，会很有趣），四份淡的（水）。有些人会加一两滴安古斯图拉苦精，而橙汁是很好的调料。服务人员端上一杯，顾客好好享受，然后再来一杯。

美雅士的性价比很高，即使价格不是过去小卖部的价格。但用不到20英镑的价钱买上一瓶是完全可能的，你可以享受到一款集风味和传统于一体的朗姆酒。

66

纳格力特朗姆酒
（NEGRITA）

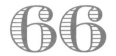

品牌所有者：马提尼克岛集团
产地：混合

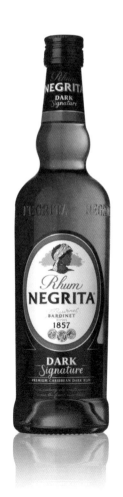

瓶子上的女性冒犯你了吗，还是你对这个具有文化意义的女性形象不敏感？这个形象曾引发了糟糕的文化和历史联想，一些人确实感觉受到了冒犯，情有可原，也许这就是为什么该酒在法国、西班牙、芬兰和一些非洲国家非常流行，而在英国和美国几乎看不到的原因。

然而，纳格力特（在中美洲和南美洲是一种爱称，但会让说英语的人引发不愉快的联想）的营销口号是给人以愉悦且价格合理，而且该品牌是年销量超过百万瓶的少数朗姆酒之一。鉴于这个销量只是美国以外的市场销量，显然事情正在朝着好的方向发展。如果要在美国市场推出，请务必更换一个新的标签。

这个女性照片最早出现在19世纪80年代，当时法国利摩日的一位年轻的利口酒生产商保罗·必得利开始用被称为塔菲亚的粗蔗糖酒精做实验，对其进行陈年，并对不同的混合酒进行实验。带着丝带的女孩被称为"纳格力特"，一个传奇就此诞生。

必得利家族公司开发了这种酒品，最初使用的朗姆酒来自加勒比的马提尼克岛和太平洋的留尼汪岛（都是法国殖民地）。今天，这款混合酒使用的原酒全都产自加勒比地区，以纯甘蔗为原料，但在国际上它的成分也包括一些以糖蜜为原料的朗姆酒。

在法国的超市里，你可以很容易地买到它，其价格极具竞争力，所以如果你去那里度假的话，这款酒值得考虑。尽管价格适中，包装简单，但它用处广泛，可以纯饮，也可以调配很多鸡尾酒。

这款酒在柬埔寨的药店有售。妇女们在生完孩子后会喝这种酒来"恢复精力"。显然，我既不能证实也不能否认这一做法的有效性，而且很明显，我无法亲身体验它的功效，尽管我可能在自己的孩子出生后喝了几杯。当然这纯粹是出于礼仪上的原因。

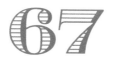

新黎明18年朗姆酒
（NEW DAWN 18 YEAR OLD）

品牌所有者：新黎明贸易公司

产地：多米尼加共和国

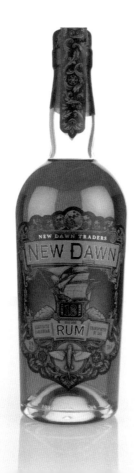

必须承认，我有些担心"新黎明"这个名字，我想象着某个救世主般的人物躲在中美洲丛林的空地上，等待一艘满载外星人的宇宙飞船的到来，这些外星人要拯救世界。

新黎明公司的人们指出，在相互联系又彼此独立的全球经济中，我们可以拥有或消费几乎所有东西，其生命的一部分都在一艘巨大的匿名集装箱船上度过，大部分时间无人在意。它们通过一个庞大的国际贸易航线网络，停靠在我们知之甚少或毫不在意的大型机械化港口。今天，一艘超大型集装箱船可以装载2万多个集装箱，长度超过400米，重达21万吨。一艘大船，荷载满满。

尽管它们给我们带来了许多廉价的东西，但你或许无法像戴维·阿滕伯勒爵士那样，意识到如此庞然大物会招致问题。新黎明正试图通过恢复航行来解决这个问题。正如他们承认的那样，以一种象征性的姿态恢复大规模的国际食品贸易，但这需要我们有意识地正视自己的消费理念。

现在他们卖的是由帆船运输来的货物所制成的优质加勒比朗姆酒和巧克力，由公平运输公司的双桅帆船"特雷斯·霍布雷斯号"横跨大西洋进行运送。他们的最终目标是经营自己的帆船。

我喜欢这款新黎明朗姆酒，它来自多米尼加共和国的圣多明各，在奥利弗公司进行混合。然后其旅程继续，先是在特雷斯·霍布雷斯号上横跨大西洋，接着在波涛汹涌的海面上度过了一个半月。然后，将朗姆酒与康沃尔矿泉水混合，再在当地的一家酿酒厂装瓶。这些酒共有870瓶。

当然，现在可能一切都过去了，但这不是重点。我想让你了解这些人，从而可以了解他们做了什么。这样很好，一切都清清楚楚。

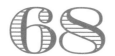

老僧侣7年朗姆酒

（OLD MONK 7 YEAR OLD）

品牌所有者：莫汉·梅金有限公司

产地：印度

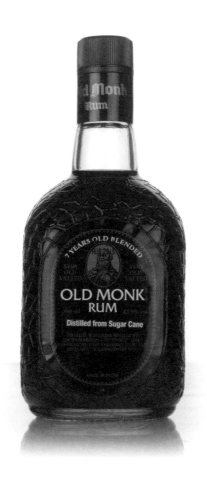

我的眼睛欺骗了我吗？当然，我们这里有一瓶欧伯，一个古老的混合苏格兰威士忌品牌，在哥伦比亚和美国部分地区很受欢迎。

好吧，事实并非如此。事实上，这款一度非常受欢迎的印度朗姆酒与帝亚吉欧旗下一种不太知名的威士忌惊人地相似，以至于蒙蔽了我的双眼。然而，你不太可能混淆这两种产品，因为这款堪称经典的糖蜜朗姆酒，在其鼎盛时期是印度人的必备品之一。和印度的许多公司一样，"老僧侣"背后的公司起源于英国统治时期，但如今这家公司完全由印度人管理。然而，英国人确实留下了一种当地蒸馏酒的味道。

重要的是要知道，威士忌和朗姆酒在印度是用来蒸馏和饮用的。以西方标准衡量，印度威士忌的销量之大令人难以想象；而在欧洲，很多印度"威士忌"被归为朗姆酒，这让我们感到更有些困惑。在巨大的印度烈酒市场中，这款"老僧侣"曾经是领头羊：21世纪初，它的年销量接近800万箱。但自那以后，其销量大幅下滑，而麦克道尔的庆祝一号等竞争对手却将其远远甩在了后面。

"老僧侣"确实是一款真正的朗姆酒，不像许多印度烈酒那样掺杂很多东西（根据欧洲的定义）。老僧侣这一品牌创立于1954年，由于人们口口相传的口碑和其与印度军方的特殊联系，该品牌取得了巨大的成功。然而，尽管销量下降，但奇怪的是，该公司似乎不愿推广该品牌。

它可能不适合所有人的口味。这是一款酒劲十足的浓郁饮品，其设计目的是为了制作一种潘趣酒（为了增添乐趣，瓶装的潘趣酒浓度高达42.8%vol），吸引那些从小喝海军朗姆酒长大的传统朗姆酒爱好者，尽管他们从未到过这个距加勒比海几千英里之遥的地方。

传言称，莫汉·梅金公司将停止生产。这些言论经常出现在印度的社交媒体上，也同样经常遭到强烈否认。但这种销售趋势必须很快扭转，否则老僧侣这个品牌将会面临艰难的处境，让我们祈祷这种事不要发生。

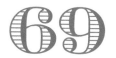

老波特朗姆酒

（OLD PORT）

品牌所有者：阿慕酒厂私人有限公司
产地：印度

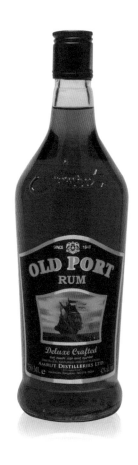

自1947年印度独立以来，印度酿酒商阿慕（意为"神的甘露"）一直是该行业的先驱者。在英国统治下，一个大规模的酿酒业建立了起来，而阿慕是印度人拥有的第一批酿酒厂之一。该公司最初的业务规模相对较小，总部位于班加罗尔，为当地市场提供服务。如今，该公司的销量已取得显著增长，并以其印度单一麦芽威士忌赢得了国际声誉。

印度国内许多"威士忌"以糖蜜为原料，有时还添加了一定比例的苏格兰威士忌（散装运输）。但与之不同的是，阿慕的优质单一麦芽威士忌符合国际质量标准，并在国际市场上广受好评，赢得了许多著名奖项。然而，与该公司的其他产品（印度威士忌、白兰地和朗姆酒）相比，销量相对较小。

印度是高品质甘蔗的重要生产国，在这样的背景下，阿慕的老波特朗姆酒就像一个奇妙的漩涡一般，融合了多变的糖蜜和令人眼前一亮的水果味道（我没料到会尝到荔枝罐头的味道，但是这种味道确实存在），拥有这种口感就不足为奇了。虽然在英国并不多见，但这个品牌的价格非常诱人，只要花点工夫，就能以略高于20英镑的价格买上一瓶，非常划算。这款朗姆酒远非你所见过的醇厚朗姆酒，口感顺滑，果香浓郁，将会成为你最爱的加冰调酒饮料的优质搭配。

不过，请注意标签上最重要的字眼："豪华"。据我所知，还有一种更便宜的"老波特"，不过它对西方人的吸引力有限，虽然这可能会让你省下几卢比，但有人认为没有必要。"豪华"描述的是一个相对的术语，它才是值得您购买的"老波特"。

鉴于阿慕在单一麦芽威士忌上取得的成功，以及该公司和印度整体经济的活力，毫不意外将出现更多优质朗姆酒。很明显，既有高超的蒸馏技术，市场营销也到位，这款酒在未来几年值得关注。

70

奥奇慕斯18朗姆酒

（OPTHIMUS 18）

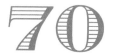

品牌所有者：奥利弗国际公司

产地：混合

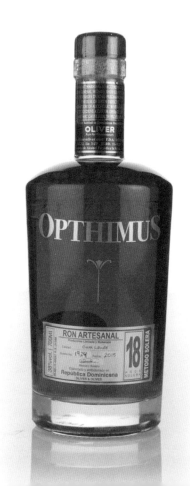

20世纪60年代初的古巴，私有财产被国有化，许多商人逃离了该岛。最著名的流亡者是百加得家族，但他们并不是唯一一群在枪口下放弃家园和生计的人。

该岛经历过早期的动乱浪潮，最著名的是19世纪末古巴脱离西班牙的独立斗争末期。陷入这种困境的是一个西班牙家族——奥利弗家族。1874年，胡安尼洛·奥利弗从一名西班牙士兵变成了古巴酿酒师，此时，奥利弗家族已经在古巴建立了自己的企业。然而，到了1898年，另一场战争爆发了，古巴革命者烧毁了奥利弗家族的农场和酿酒厂。奥利弗一家最终于1963年离开该岛。

然而，30年后，创始人的后代佩德罗·拉蒙·洛佩斯·奥利弗访问了古巴，并找到了许多关于朗姆酒生产的原始家族记录。这次访问激发了他建立一家新企业的灵感，该企业作为一家混合朗姆酒公司于1993年在多米尼加共和国成立。正是奥利弗国际公司为我们带来了奥奇慕斯系列，以及不少其他品牌和私有系列。

奥奇慕斯18（请记住这是索莱拉系统的年份，与苏格兰威士忌的陈年方式不同）是奥奇慕斯系列的中间款，也是了解奥利弗朗姆酒一个很好的切入点。这款酒绵柔诱人，入口顺滑，口感饱满，果香浓郁。组成该酒的各种混合成分来自中美洲和加勒比地区，包括来自巴拿马、危地马拉、尼加拉瓜和多米尼加共和国以及特立尼达和多巴哥和英属西印度群岛的其他酿酒厂的桶装朗姆酒。然后，将不同的蒸馏酒进行陈年和混合。按照传统的索莱拉方法，将它们放在丹魄和波本威士忌的酒桶中熟成，并提供波特桶二次熟成朗姆酒。

尽管酒精度数仅为令人沮丧的38%vol，但这款酒依然是上等品。其零售价格超过50英镑，这是特优级朗姆酒的标准，如果有机会尝试度数更高的朗姆酒，那就更好了。不过，我还是可以用另一位奥利弗的话语来结束："先生，请再给我来一杯。"

71

帕姆佩罗纪念款朗姆酒
（PAMPERO ANIVERSARIO）

品牌所有者：帝亚吉欧
产地：委内瑞拉

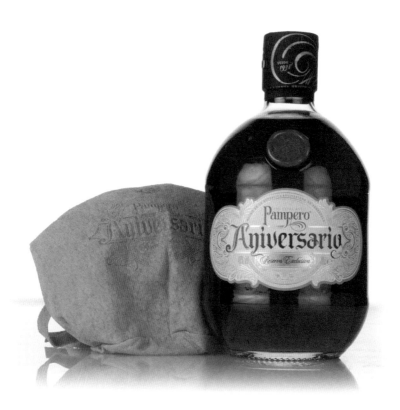

这款酒装在一个矮胖的小瓶子里，看起来很适合做莫洛托夫鸡尾酒。外包装是一个皮革袋子，非常适合存放火柴。

在该品牌推出的电视广告中，马儿奔跑在一条无人的购物街上，青春靓丽的年轻人勇敢地给马套上了鞍子。这让人想起了位于洛杉矶中南部的吉尼斯康普顿牛仔，简直不可思议。这肯定是某种巧合，一定不是因为这两个品牌都同属于帝亚吉欧。想想看，朗姆酒爱好者可能会搭配一品脱吉尼斯黑啤酒。但也不要在家里尝试，因为该品牌的招牌服务是帕姆佩罗（Pampero）和可乐，显然是"狂欢节的味道"，希望这些介绍对你有用。

你看，帕姆佩罗是关于"自由和激情"的（哼哼），因为其代表了新一代的大牧场主——委内瑞拉牛仔帮助南美国家从西班牙殖民者手中获得自由，而该品牌充分发扬了1938年创始人们开创的陈年工艺。瓶子上的蜡印上甚至还印着一个大牧场主和一匹马，我们都知道，如果是在蜡印上印，那一定是真的。

这款酒于1963年首次推出，旨在纪念公司成立25周年。当时，该公司仍是独立经营性质的公司，1991年才加入了我们今天所知的帝亚吉欧集团。该酒的原料是当地种植的甘蔗，酿酒厂使用三种不同的蒸馏过程。

首次蒸馏后的酒精在塔式或壶式蒸馏器中进行第二次或第三次蒸馏，酒体由此变得更加厚重或轻盈。我认为，这个纪念款朗姆酒由壶式和塔式蒸馏朗姆酒混合而成，随后在曾经盛放过陈年威士忌或雪利酒的木桶中陈年长达四年。

也许是受包装的影响，我原本对它的期望不高，但它酒体厚重，口味丰富，甜味和清爽的感觉恰到好处，这让我惊喜不已。虽然一般情况下，我会留着慢慢品尝，但更多出于希望而非期待，我真的加入了冰和可乐，味道极佳。

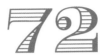

蓝便士邮票VSOP朗姆酒

（PENNY BLUE VSOP）

品牌所有者：印度洋朗姆酒公司

产地：毛里求斯

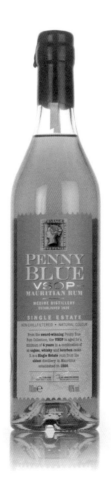

听起来充满异国情调的印度洋朗姆酒公司是一家属于毛里求斯梅丁酿酒厂与伦敦老牌酒商贝瑞兄弟&拉德两家企业的合资公司，专为贵族和上流社会提供葡萄酒。

他们在梅菲尔的圣詹姆斯街3号开了一家很棒的商店和酒窖，从1698年起就一直在此经营，各种各样的优质葡萄酒和烈酒应有尽有。你不必属于上流社会，因为他们会像贵族一样大方地微笑着欢迎平民百姓。事实上，我听说他们的一些顾客确实上过文法学校，但一样需要支付现金。他们是非常好的人。

如果你真的要去（而且绝对应该去），当你不再盯着曾经称量过王子、诗人、民粹主义者、政客、甚至巴基斯坦富豪的古董称量机看时，店内各式各样精心挑选的烈酒会让你大饱眼福，这是一个非常可爱的商店，有很多有趣的物件。

其中许多烈酒相当实惠，我可以给你提一些，比如一些小众的威士忌、伦敦3号干金酒和古怪的英王醇姜利口酒（事实上，我似乎已经这么做了），但蓝便士朗姆酒的品质和性价比确实是无与伦比的。

蓝便士系列有3款产品，对于入门级，我推荐这款陈酿朗姆酒。就像同系列的其他产品一样，这款酒的颜色自然且不经过冷过滤。其原料是甘蔗，在四塔式连续蒸馏器中蒸馏以后，再放入之前存放过白兰地、波本威士忌和苏格兰威士忌的桶中陈年。经过大约4年后，梅丁酿酒大师让-弗朗索瓦·科尼格以及贝瑞兄弟&拉德公司的道格·麦克伊弗承担了最后的混合工作，并在毛里求斯装瓶。

一开始，它可能会让你觉得相当清爽，尤其是如果你已习惯了一种更甜的加勒比风格（这里面没有添加糖）。但要给它一点时间，水果味就会逐渐显现，橡木桶里的香草、杉木味和香料等味道也会凸显出来。

是的，这款酒是以稀有的邮票命名的。

73

海盗的格洛格13号朗姆酒
（PIRATE'S GROG NO. 13）

品牌所有者：海盗的格洛格朗姆酒有限公司
产地：未披露

吓我一跳！我原以为，除了一个知名品牌，狡猾的公关人员不会再以海盗和朗姆酒之间的联系制造噱头，但这个现象依然存在。

　　至少，总部位于哈克尼的海盗的格洛格公司（隶属于"精品朗姆酒公司"）似乎仍然觉得有必要利用这种联系。但这一切都相当令人困惑：快速浏览一下他们的网站，你可能会得出结论，这款朗姆是在洪都拉斯附近的罗阿坦岛（Roatán）上蒸馏出来的。很奇怪，因为根据其他独立消息来源，洪都拉斯实际上没有酿酒厂。我们发现了什么欺骗行为吗？

　　进一步的调查显示，海盗的格洛格酒业的创始人加雷斯和贝丝·诺布尔在罗阿坦岛上替别人照看房屋时，遇到了荷兰人罗伯特·J. 范德伟格，当时范德伟格正在用朗姆酒做一些事情，具体未知。于是三人开始合作，于2014年在英国推出了自己的产品。据说，该酒来自"附近的酿酒厂"（事实上，肯定只能如此），这款入门级的海盗烈酒由加勒比朗姆酒混合而成，在盛装过波本威士忌的美国橡木桶中陈年3—5年。令人失望的是，这款酒的酒精度数仅为37.5%vol，但似乎更多的是用于制作派对鸡尾酒，而非单独饮用的烈酒。

　　从网站上看，海盗酒业公司员工们的主要活动是在食品和饮料表演、音乐节、私人和公司活动中经营便携式朗姆酒酒吧。他们似乎很喜欢海盗主题的化装舞会。这并没有什么错，但环顾四周后，我想可能不会有人费心去报道他们的努力。然后，我有幸品尝了他们的13号朗姆酒，这是麦芽大师网站精心陈列的几个样品之一。

　　这款13号朗姆酒与众不同，品质极高，不需要任何南美洲传奇历险的情节来吸引顾客的注意力。这是来自"中美洲"的单桶13年陈酿朗姆酒，装在瓶子和圆柱形容器里非常好看。就外观、陈年的年份和质量而言，如果你能花8个里亚尔（或70英镑）买到一些，是相当划算的。我的建议是：忽略那些令人困惑的演示，把所有关于海盗的东西扔到海里，专注于品评美酒吧。

74

蔗园朗姆酒20周年纪念XO
（PLANTATION XO 20TH ANNIVERSARY）

品牌所有者：费朗酒庄
产地：巴巴多斯

你会庆幸买了这本书。因为买了这本书，现在你知道了蔗园朗姆酒和他们出色的20周年纪念XO，真的很特别。对任何有鉴赏力的饮酒者来说，这都是一种享受（当然，你肯定也是）。它会让任何人相信，顶级朗姆酒是烈酒界的一种荣耀。你也可以把这本书分享给其他人，好让不明所以的他们也有所了解。如果你四处逛逛的话，不到50英镑就能买上一瓶。

多么漂亮的容器啊！如此沉着、高贵和优雅，暗示着该酒极高的品质。酒的品质怎么样，会让人失望吗？不，这款酒当然不会让你失望。费朗酒庄是一家同时生产优质金酒的著名干邑酒庄，所有者是亚历山大·加布里埃尔。这款XO标志着他担任了20年朗姆酒酿酒师。只有最好的朗姆酒才能恰如其分地描述出这样的时刻。加布里埃尔，一个工匠商人和孜孜不倦的企业家，如同强迫症一般追求研制完美的烈酒。

这个蔗园并不蒸馏朗姆酒。相反，他们与加勒比海和中美洲的合作伙伴展开合作，寻找特殊的木桶，在加勒比地区陈年。几年之后，朗姆酒被运到法国夏朗德中心的博内城堡，然后在法国橡木桶中进一步陈年，就像加布里埃尔说的，像在精心控制的地窖里"养育孩子"一样。不同寻常的是，这涉及一种被称为"小水域"的技术。先在旧朗姆酒桶中加入少量的水，然后缓慢地加入朗姆酒，以防止过度蒸发，并轻轻地将酒精度数降至可以出口的度数为止（本款酒的度数为40%vol）。这是一个复杂的过程。

20周年纪念版XO由12年至20年的优质朗姆酒"组合"（或混合）而成，这些朗姆酒都产自巴巴多斯——朗姆酒生产的中心。这里有许多不同类型的酒桶，从新的白橡木桶到波本威士忌酒桶以及白兰地酒桶，每一种酒桶都经过了不同程度的烘烤。

此款酒入口顺滑，饱满纯正，恰到好处，就像这本书挑剔的读者一样。

75

斯蒂金斯蔗园菠萝味朗姆酒
（STIGGINS' FANCY PLANTATION PINEAPPLE）

品牌所有者：费朗酒庄
产地：巴巴多斯

"他是个板着面孔的红鼻子男人，瘦长的脸上放出响尾蛇似的锐利目光，一副坏人形象。"查尔斯·狄更斯如此描写斯蒂金斯先生，一位新教牧师。我们在《匹克威克外传》中发现，他喜欢和一位打扮有些夸张的丰满女性（房东太太韦勒夫人）一起喝酒。

"在他旁边放着一杯兑了水的菠萝味热朗姆，里面放着一片柠檬；每次那个红鼻子的人都会停下来，凑近面包片看看烤得怎样了，他喝上一两口酒，对着那位挺胖的女士微笑着，房东太太正在向炉子里吹风。"

正如狄更斯所言，斯蒂金斯的红鼻子表明这位"坏透了的"牧师先生有点过于喜欢这种恶魔般的饮料了，作为一位新教牧师，他当然应该完全戒掉。斯蒂金斯先生，不应该啊。

但也要感谢你，斯蒂金斯先生，因为这个对维多利亚时代美食和一位声名狼藉的牧师的描绘，启发了我们的饮料作家戴夫·旺德里奇和费朗酒庄的亚历山大·加布里埃尔，他们由此创作出了这款非凡的产品。2016年在新奥尔良举行的鸡尾酒会上，这款鸡尾酒作为新品首次亮相，向与会代表进行展示。在这次展览上，该酒被认为是最好的新品烈酒，理应推广销售。锦上添花的是，斯蒂金斯牧师出现在了标签上，他的这一形象基于1867年的小说插图。能够在一瓶朗姆酒上永垂不朽，多么幸运！

为了制作这款蔗园菠萝味朗姆酒，需要手工剥去菠萝皮，并将果皮浸泡在蔗园三星朗姆酒中，然后再蒸馏。另外再将去皮的果肉放在蔗园黑朗姆酒中浸泡3个月，然后把这两种液体混合在一起，再在橡木桶中浸泡3个月。

这酒的味道出奇的好！更重要的是，一想到它那复杂的制作过程和重现这种美味的创意，35英镑左右的价格可以说是非常便宜了。纯饮、加冰或是像柠檬甜酒一样喝都可以，但你一定要喝，同时向查尔斯·狄更斯和朗姆酒爱好者斯蒂金斯牧师（红鼻子及其他人）唱一首赞美诗，当然还要感谢打破传统的二人，是他们给我们带来了如此美味的饮料。

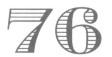

禁酒朗姆
（EL RON PROHIBIDO）

品牌所有者：博爱烈酒公司
产地：墨西哥

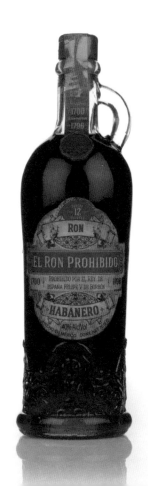

首先吸引眼球的是不同寻常的瓶身形状，瓶口上有把手，然后是华丽的老式标签，看起来相当俗气。但我认为它与众不同的形状和老气的标签确实起到了不错的效果。它让我想起了一种鲜为人知的手工制品，你从某个不知名的地方买回来，然后得意扬扬地带回家，给你的伴侣留下深刻印象。"禁酒朗姆"具有某种神秘感，听起来也值得期待。不出意外的话，它也会给你的朋友留下深刻的印象。

正如威士忌大王托马斯·杜瓦爵士曾经宣称的那样（关于禁酒令，这个说法完全恰当）："如果你禁止一个人做一件事，你就会给他的生活增添偷吃禁果的乐趣和热情。"令人失望的是，当我回到网上查看确切的措辞时，发现这条"真知灼见"来自美国哲学家埃尔伯特·哈伯德。我们所认为的"杜瓦主义"格言似乎出自哈伯德，也许汤米（杜瓦爵士）在引用他的话吧。

同样令人失望的是，没有人试图阻止你享受这款墨西哥朗姆酒，让你享受到额外的乐趣。"禁酒令"指的是18世纪西班牙国王费利佩五世颁布的一项法令，禁止当时名为钦格里托的墨西哥朗姆酒。这款朗姆酒被盛放在装过甜酒的西班牙酒桶中，于漫长的过程中吸收了酒桶的芳香，从而造就了一款高品质的朗姆酒，这让心怀感激的市民们乐此不疲——我是这么听说的。

今天，因为它并没有真正被禁止，所以你面临的唯一困难就是是否买得到。尽管这款酒在英国销售，但库存非常少，这是个遗憾。虽然有些人不喜欢最初的苦味，但它会渐渐让你着迷。在甜味朗姆酒过多的世界里，这款酒更显得与众不同。酿酒厂表示，再"加一点葡萄干酒"味道会更好。不过，至于是在调酒的开始时还是结束时加入，我就不清楚了。

标签上醒目的数字12指的是索莱拉系统的年份，所以最好将其看作是对包装美学的贡献。虽然不一定是人人所爱，但还是值得你去尝试一下。

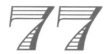

帕萨姿15年朗姆酒
（PUSSER'S 15）

品牌所有者：帕萨姿朗姆酒有限公司

产地：圭亚那

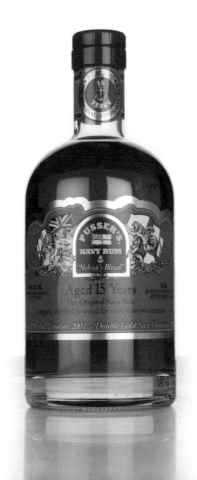

你可能知道，"帕萨姿"是水手对事务长的称呼。事务长是英国皇家海军军官，在1970年7月31日之前，他一直负责分发女王陛下船上的朗姆酒。虽然分发朗姆酒这项传统始于1655年，每天两次，每次半品脱，但到了1970年，朗姆酒的分量减少为90毫升，几乎相当于酒吧里四杯标准容量的朗姆酒。所以，你可能会认为，对于那些操作大型或小型战舰的人（直到1990年才有女士出海）来说，这已经够多了。海军部同意了，于是在"朗姆配给终止日"这天，一项伟大的海军传统宣告结束。

在圭亚那，海军朗姆酒是相当独特的酒，因为它们是在世界上仅存的木质壶式蒸馏器中蒸馏而成的。这些木质蒸馏器由圭亚那绿心木（一种硬木，再配上铜管颈）制成，虽然其他的朗姆酒也在这些卓越的设备中加以生产，但只有"帕萨姿"可以声称他们的产品是按照原来的海军部标准生产的，并获得了正式的许可。该木质蒸馏器已有250多年的历史，现在已经完全浸透了独特的酯类化合物和同类有机化合物的组合，从而赋予了酒品明显醇厚的酒体和浓郁的芳香味道。

按照朗姆酒的标准，这款酒已经陈年了15年了，所以实际上是相当划算的，因为它融合了历史和味道。但你可能会问，如果朗姆酒定量供应制度在近50年前就被废除了，这一切怎么还会发生呢？为此，我们必须感谢前美国海军陆战队队员查尔斯·托拜厄斯，是他缠着海军部公布其制作的秘密，以便让公众有机会品尝真正的海军朗姆酒。

他花了10年时间才与他们达成协议并推出了这个品牌，于是该酒在1980年再次上市。顺便提一句，"帕萨姿"向海军慈善机构支付了一笔版税。为了感谢他的贡献和他在恢复海军朗姆酒方面所做的工作，托拜厄斯最终获得了大英帝国勋章。这个做法完全正确。但如果你的内心渴望真正的海军朗姆酒，你可以看看"朗姆配给终止日：最后的朗姆酒"（只要650英镑，参见第18款酒）。

54.5%vol的酒精度数（可以点燃火药的浓度）致敬了海军传统，令人兴奋不已，在某种程度上它是一种可怕的朗姆酒。很明显，如果你可以用这款酒浸湿火药，那么火药会爆炸。当然，不要在家里尝试，尤其是在船上。

78

理查德·希尔10年朗姆酒
（R. L. SEALE'S 10 YEAR OLD）

品牌所有者：R. L. 希尔有限公司

产地：巴巴多斯

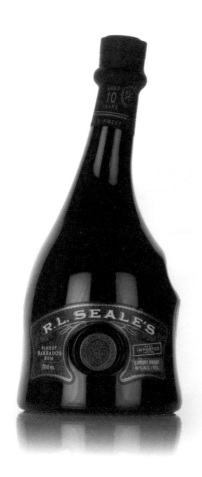

当一个人把他的名字写在酒瓶上，然后把他的朗姆酒装进一个典型的朗姆酒酒瓶里时，你理应有所期待。这款酒不会让你失望。

理查德·希尔是第三代酿酒师，以发表尖刻的行业评论而闻名。他的观点很幽默，但他对朗姆酒的制作确实有非常明确的看法。如果你懂威士忌，想想马克·雷尼尔，你就会明白了。我在一年一度的伦敦朗姆酒节上听了理查德的演讲（很值得，你下次应该去听听），从中学到的东西比我在几天的研究中学到的还要多。

背景知识：理查德·希尔10年朗姆酒的发明者是理查德，产地是在巴巴多斯的四方酿酒厂，该酒厂由他的曾祖父雷金纳德·莱昂·希尔于1926年创建。我想这只会增加公布家族姓氏的压力，尽管他似乎就是在这种压力下茁壮成长的。

你还应该知道，他一点也不喜欢在朗姆酒里加糖（顺便说一句，这是一个保守的说法），是传统壶式蒸馏器生产的伟大倡导者。"朗姆酒并不总是穷人的饮料。"他告诉我们（这是一个有用的提醒），"工业生产已经消灭了小规模生产。"他适时地提出了一些令人沮丧的统计数据，这些数据显示，牙买加的酿酒厂的数量在不断减少。19世纪末时，牙买加有148家酿酒厂，但如今只有4家。

不过，在试用了他的一些优质产品后，我很快就高兴起来了。理查德说"加糖的朗姆酒会让人产生一种幻觉"，而且，由于他不是从事童话行业的，所以当你啜饮这款拥有10年历史的朗姆酒时，要准备好迎接一种干爽而辛辣的口感。第一口尝起来不错，接着味道越来越佳。最后，你会发现香蕉、甜瓜、杏仁和橡木的味道，以及超长时间的陈年所带来的味道，尤其是那种难以捉摸的皮革味、木质味和灰尘味（法国人称之为rancio），这种味道在陈年的烈酒中备受推崇。

记住，一旦你喝完里面的东西（你很快就会喝完），你就会得到一个非常时髦的灯座，单是这个灯座就很划算，该酒在英国的典型零售价大约是40英镑。

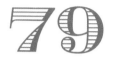

79

哈利卡罗朗姆酒
（RELICARIO）

品牌所有者：巴维兰酿酒集团
产地：多米尼加共和国

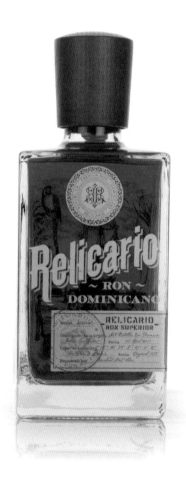

这款酒被装在一个包装精美的厚玻璃瓶中，加上木质瓶塞，一定会让所有的酒吧"蓬荜生辉"。哈利卡罗来自多米尼加共和国，该岛的大部分地区曾被称为伊斯帕尼奥拉岛（海地占据了其余的土地），位于美洲大陆加勒比海沿岸地区的正中心。

所以，它来自一个有着严格朗姆酒资质的国家，但酒的质量配得上精美的包装吗？嗯，只尝了一口，我就不得不承认这一点。虽然很难找到很多关于这种产品的信息，或者具体的生产地址，但我认为（如果用苏格兰西部的方言来说）它是"一块小饼干"。

如果你知道苏格兰美味的黑面包，那你可能会闻出一些从瓶子里散发出来的水果味，以及令人垂涎欲滴的糕点味。事实上，标准的黑面包配方确实需要少量威士忌。愿福法尔和佩斯利的人民原谅我，我甚至建议用一种哈利卡罗代替威士忌，这将会得到一种更加美味的甜食。

如果你喜欢经典的辛辣果味朗姆酒，那么这款朗姆酒一定非常适合你。它既可以作为一款令人愉快的啜饮朗姆酒，又具有酒劲十足、酒体丰满的特点，其风味不会被鸡尾酒所掩盖。这款酒不是你遇到过最浓烈的朗姆酒，但它肯定也不会让最挑剔的鉴赏家失望。

哈利卡罗是用索莱拉系统生产的，混合了6—10年的烈酒。高级版本"统治者"则由15年的朗姆酒混合而成，且全部装在盛装过波本威士忌的美国白橡木桶中。该公司的母公司位于西班牙北部，其销售历来集中在西欧和捷克共和国，现在也逐渐进入了英国市场，大概花30—35英镑就能买到一瓶。

如果遇到促销或者运气好，这款酒似乎完全没有理由不受到英国饮酒者的青睐，他们会欣赏到它优雅的品位和整洁的外观。

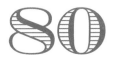

80

古巴之源陈年金朗姆酒
（RON CUBAY AÑEJO）

品牌所有者：古巴朗姆酒公司
产地：古巴

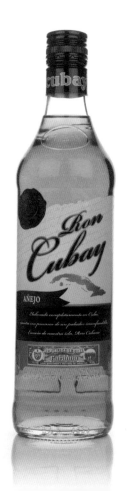

这款"古巴之源"于1964年首次亮相。这款酒有很长一段时间仅在古巴国内销售，直到过去5年左右的时间里，才开始在欧洲销售。

酿酒厂位于维拉克拉拉的圣多明各小岛中央。政府资助的生产商古巴朗姆酒公司也是名气更大的哈瓦那俱乐部品牌的所有者，这是一家与保乐力加合资成立的企业。

在古巴，该朗姆酒系列有5款产品，而在欧洲只有3款：3年的白朗姆酒、金朗姆酒和精选珍藏朗姆酒。据说陈年的年份分别为7年和10年，这三款酒都是塔式蒸馏朗姆酒，由不同品种和年份的朗姆酒混合而成。

然而，在这三款朗姆酒中，只有年份最久的精选珍藏朗姆的酒精度数达到了40%vol，其他两款的度数都为38%vol。在研究标签时，不高的度数总是让人失望，甚至在品尝之前就引发了一些怀疑。节省的关税是相对微不足道的，我更加青睐度数更高的朗姆酒（偏爱46%vol酒精度数的朗姆酒），我可以自己稀释口味，而不爱这款度数较低的朗姆酒。当然，我相信它们有自己的优势。

也许我应该盲品这款酒，但考虑到38%vol的酒精度数，这款酒酒体没有那么厚重，酒劲也不足。平心而论，这款朗姆酒适合小口啜饮，而且非常好喝，甜甜的果味和隐约的咖啡和乳脂软糖味恰到好处。混合得很充分，这一点给个高分。

因为酒精度数较低，所以价格也较低，才不到25英镑。但你应该会发现同级别的哈瓦那俱乐部朗姆的价格还要便宜1英镑左右，我更喜欢。

另一方面，如果你去古巴旅游，这款酒很可能是你的首选，只是为了入乡随俗。

81

杰里米朗姆酒

（RON DE JEREMY）

品牌所有者：独眼烈酒公司

产地：混合

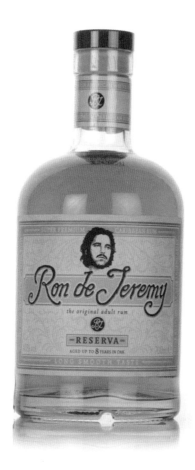

芬兰人用"nousuhumala"来形容晚上喝得微醺的感觉，而"laskuhumala"则用来形容很久之后喝得酩酊大醉的感觉，那时你会想打架或呕吐。

在创造了罗恩这个品牌后，芬兰人找来了最好的朗姆酿酒师，开始进行工作。他们带着朗姆酒顾问去了巴拿马，去会见著名的朗姆酒制造商弗朗西斯科"唐·潘乔"费尔南德斯。费尔南德斯用产自巴巴多斯、特立尼达、牙买加和圭亚那的朗姆酒为他们制作了这款杰里米朗姆酒。

这款酒实际上是非常美味的"旧式便宜饮料"（朗姆酒曾经的称号）。在这款酒中，你能享受到香甜的水果、香料、甘蔗和橡木的完美平衡，这正是这款精制朗姆酒的特点。它的性价比也很高，价格略高于30英镑，肯定会成为任何派对上的谈资。

一杯朗姆！15年朗姆酒XO
（RUMBULLION! XO 15 YEAR OLD）

品牌所有者：原子供应有限公司
产地：混合

总会有人这么做的。我指的是总会有人选取朗姆酒原来的名字（好吧，是原来的名字之一），然后把它用在现代品牌上。令人惊奇的是，从17世纪中叶一直等到今天，才等到"rumbullion"重新出现在我们的饮酒词汇中。据我们所知，它最初的意思可能是与酒馆里喧闹行为有关的骚动或喧嚣。真想不到。

　　一杯朗姆系列有三款产品，这是其中一种：基酒是加勒比朗姆酒，配以橘皮、香草荚、香料和一些蔗糖。如果让外行来调，这款酒会是由各种材料混合而成的饮料，最后变成一种既黏糊糊又恶心的东西，即使是最喜欢吃甜食、最不挑剔的饮酒者也会很快就感到腻味。

　　这款酒并非如此。该酒制作精良，15年的基酒使得原始配方的口感变得更加醇厚绵长，从而让"一杯朗姆"这个品牌得以延续。正如他们所说的那样，"少即是多"，即通过对添加的各种调料进行一定的限制，这款朗姆酒极其醇厚，值得一试。

　　请注意它的包装，在其简单的棕色包装纸内，是比一般瓶子稍小的500毫升瓶子，其超过80英镑的售价相当于一瓶装在标准的700毫升酒瓶中的酒了。然而，从积极的一面来看，这款朗姆酒已经陈年15年了，而且46.2%vol的酒精度数增加了一些好感，确保它能很好地与1—3块冰块搭配饮用。酿酒师的建议是与红苦艾酒和橙汁混在一起，打造出一款全新的棕榈鸡尾酒（小贴士：为了达到最佳效果，请使用质量上乘的苦艾酒，真正犒劳一下自己）。

　　原子集团是这款神奇饮品的幕后力量，也是麦芽大师在线饮料零售商所属集团的一员。因此，这里似乎和其他任何地方一样，都是颂扬其丰富低价饮料的好地方。你会买到一切内心最渴望的饮品，从普通到最神秘和最鲜为人知的美味药酒，应有尽有。对于许多在售产品，你可能会在购买之前得到一小瓶样品（30毫升）。除了减轻钱包的压力外，这也是尝试101种不同朗姆酒的好方法，虽然有点不切实际。

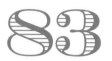

龙马7年朗姆酒
（RYOMA 7 YEARS）

品牌所有者：菊水酒造有限公司
产地：日本

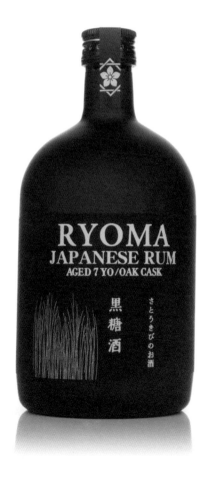

日本朗姆酒。没想到，是吗？发现这款酒让我真的很兴奋，它那极简主义的包装和深色玻璃瓶进一步激起了我的兴趣。日本的威士忌人所共知，虽然日本有酿酒技术和传统，但朗姆酒却让人感到意外。

龙马7年日本朗姆酒是由菊水酒厂酿制的。菊水酒厂位于四国岛南部，距离大阪西南部约180英里。黑潮村周围的地区是日本历史最悠久、一度也是规模最大的甘蔗产地。朗姆酒本身是以19世纪推翻德川幕府运动中的著名日本人物坂本龙马的名字命名的，当时日本被迫向西方敞开大门，而这也正是坂本所希望的。

龙马的原料是新鲜压榨的甘蔗而不是更为常见的糖蜜，与说法语的加勒比海地区典型的农业朗姆酒非常类似。事实上，龙马在法国有售，因为法国人更能接受颜色淡雅、味道清爽的朗姆酒。

酿酒厂采用一条龙式生产步骤，控制从种植甘蔗到装瓶朗姆酒的整个生产过程，以此来保证质量。甘蔗是11月至12月收获的，尽管地处南部，但此时气候依然寒冷。

甘蔗收割以后，经过压榨蒸煮产生浓缩液。这些浓缩液再经过发酵、蒸馏，储存在白橡木中，以备陈年。没有添加剂或焦糖，因此液体颜色清淡。尽管年代久远，但这款朗姆酒本身比你想象的更加轻盈，更加芬芳，更加清爽。

这家英国分销商表示，该公司为朗姆酒鉴赏家提供了一种全新的朗姆酒体验，"一种杰出的高级啜饮朗姆酒"，并建议将它与酸橙、气泡水混合，甚至可以与热水一起享用。其售价超过50英镑，这不是平常人喝得起的。但如果你喜欢法国农业风格朗姆酒，正在寻找一些有趣而又与众不同的东西，那么你可以尝试。干杯！

84

水手杰瑞朗姆酒
（SAILOR JERRY）

品牌所有者：格兰特父子洋酒公司

产地：混合

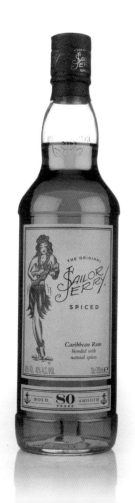

曾经有一段时间，文身是你打破传统态度的标志，它反映了你激进而不顾一切的生活态度。你身上的刺青表明你是个叛逆者，当然也可能是罪犯或水手。

　　这一行里有个人叫作诺曼·基思·柯林斯（朋友们称他为"水手杰瑞"），20世纪60年代在檀香山唐人街工作，被文身艺术家视为传奇人物，至今仍有影响力。柯林斯于1973年去世。

　　经过一段有点曲折的过程，其中的细节仍有争议，最终名字和设计的所有权由他的家族继承。1999年，第三方建立了一个商业公司，销售水手杰瑞品牌产品。奇怪的是，那时文身已经流行起来，不再是特立独行者的标志，而是酷、时髦、前卫的表现。这个行业大有"钱"途。

　　杰瑞水手公司授权的产品之一是一款香料朗姆酒。如今，格兰特父子洋酒公司拥有并销售这款香料朗姆酒，这家公司也是格兰菲迪、巴尔维尼、亨利爵士金酒及许多其他优质饮品的所有者。现在，铁杆朗姆酒爱好者对香料朗姆酒嗤之以鼻，但我不能说我也持如此激进、纯粹的态度：你的钱，怎么花由你决定；我的观点是，大家各有各的活法。它应该是一个有趣的产品，所以放轻松。

　　不过，这是一款味道一般的朗姆酒，香草和肉桂味浓烈，还好不是太甜。最初的版本要甜得多，尽管早在2010年配方就已经改变了，但人们仍然在网上大谈特谈这一点。显然，如果你喜欢早期的甜型朗姆酒，目前最类似的是弗农上将的"旧黄金"朗姆酒。我也说不好，虽然这款酒没了，但是生活还得继续。

85

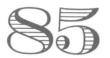

萨茹朗姆酒
（SAJOUS）

品牌所有者：米歇尔·萨茹·切洛酿酒厂

产地：海地

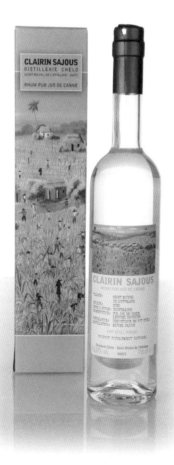

萨茹是一种产自海地的克莱林朗姆酒，是海地的主要本土产品（尽管巴班库特也来自海地，但我们应该清楚，它确实是一种非常复杂的朗姆酒）。克莱林朗姆酒很可能被认为是我们今天所知道的农业朗姆酒的原始版本，但我再次强调，这里"原始"的意思是"早期"。

　　据称，海地有530多家小型克莱林朗姆酒酿酒厂，这些酿酒厂经常在甘蔗地里就地生产。发酵依靠天然酵母，所有的操作都是手工完成。有机种植的甘蔗浓缩成糖浆，然后储存起来，这样就可以全年生产了。因为海地人不太在乎市场营销和产品包装，所以大部分朗姆酒都是批量销售的：消费者只需要把一个容器带到零售商那里打酒就行，与维多利亚时代"罐子和瓶子"商店的经营方式非常类似。

　　蒸馏过后的朗姆酒直接装瓶，然后点燃甘蔗渣对朗姆酒进行灼烧，酒精度数约为50%vol。如果没有热情的意大利朗姆酒爱好者卢卡·加加诺致力于为欧洲引入一些独特的朗姆酒，克莱林朗姆酒在西方仍将默默无闻。

　　老实说，很有可能出现的情况是，欧洲消费者会认为大多数克莱林朗姆酒难以接受（事实上，完全不能接受，除非你刚好喜欢私酿的朗姆酒）。但是人们已经制定了一个3A评级协议，旨在对这些朗姆酒进行评级，帮助一些高质量的朗姆酒能够被引入欧洲市场。

　　你可能会在英国发现一种萨茹克莱林朗姆酒，它产自切洛酿酒厂，所有者是米歇尔·萨茹。请注意：如果你从未品尝过任何酿酒厂的任何新酒，那么这款酒可能会让你大吃一惊。如果你品尝过，这仍然会让你震惊！这款酒酒劲十足，充满奇怪的异域风味，并非所有的味道都可以让人接受。例如，你可能不喜欢腐烂的植物散发出的臭味。但是克服它，放下你的偏见，把这种不愉快的感受当作经历的一部分，我也是这样。或者，也可以尝尝布克曼（参见第21款酒）。

古巴圣地亚哥白朗姆酒

（SANTIAGO DE CUBA CARTA BLANCA）

品牌所有者：古巴朗姆酒公司

产地：古巴

在古巴，你可以走到酿酒厂的大门口，甚至可以到附近的酒吧品尝朗姆酒，但你也只能走这么远（相信我，我已经试过了）。不管是谁管理这家酿酒厂，他们对进入酿酒厂这件事相当敏感，甚至不喜欢你在外面拍照。那里有一座破败不堪的小朗姆酒博物馆，但对于错过了真正的朗姆酒博物馆的人，它并不能给人多少安慰。

然而，古巴第二大城市圣地亚哥可能是朗姆酒爱好者心之所向，部分原因在于大量的古巴朗姆酒产自圣地亚哥，但主要原因在于这里是原百加得酿酒厂所在地，百加得的故乡。1862年，唐·法昆多·百加得和他的家人开始在附近蒸馏朗姆酒，后来建起了这家酿酒厂。他们在圣地亚哥生活和工作，直到1959年，该公司被古巴政府收为国有。有一种观点认为，正是百加得家族在面对挫折时奋起反抗，才促使他们从一家地区性饮料商和酿酒厂成长为今天的全球性集团。

据说这家圣地亚哥酿酒厂年产量为900万升，尽管我无法证实这家酿酒厂是否真的生产多个品牌系列的朗姆酒，如凯尼、古巴圣地亚哥和巴拉德罗。除了哈瓦那俱乐部（哈瓦那俱乐部的销售由保乐力加控制），古巴朗姆酒可能相当令人困惑，因为这里的朗姆酒生产商并不重视品牌和营销等概念。

因此，关于古巴圣地亚哥朗姆酒的资料多少有些缺乏。这款白朗姆酒在橡木桶中陈年3年，然后过滤掉产生的颜色。从理论上讲，它依然保留了大部分的味道，但是这种过滤过程，加上38%vol的酒精度，在我看来已经降低了该产品的吸引力。如果酒体轻盈，那么白朗姆酒仍然最适合调配鸡尾酒，给人带来愉悦的感受。莫吉托就是典型例子，但要记住扔掉薄荷的茎！

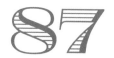

87

史密斯&克罗斯朗姆酒
（SMITH & CROSS）

品牌所有者：海曼酿酒厂
产地：牙买加

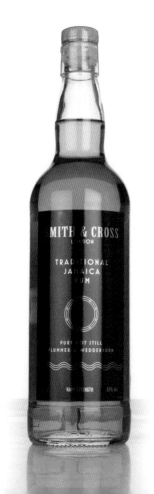

普通的瓶子，非常乏味的标签，还是让它待在货架上吧。

不行，再仔细看看。上面写着"传统牙买加朗姆酒"。然后，用较小的字体写着"纯壶式蒸馏""英制57%vol"。情况正在好转。这是什么？架子上的标签上写着36英镑。赶快在他们发现错误之前拿一瓶。

问题是，这不是一个错误。这款酒历史悠久，见证了多塔式蒸馏器的问世和工业轻朗姆酒到来之前的历史。这款酒绝不是清淡酒品，因此以正宗、强烈的口味在鸡尾酒吧受到推崇。

它是由糖蜜、脱脂剂、甘蔗汁和糖浆底液以及前期朗姆酒生产留下的甘蔗渣制作而成的，然后再用当地天然酵母进行发酵。想想年轻的哈里·贝拉方特演唱《香蕉船》的情景吧，这是一个好的出发点，成熟的香蕉、糖蜜、菠萝（相信我，你会喜欢的）、小葡萄干和深色牛津果酱等味道融为一体，味道非常不错，你可以涂抹在吐司上。

虽然在英国装瓶，但它是在牙买加汉普顿庄园蒸馏的，该庄园以生产高酯含量的壶式蒸馏朗姆酒而闻名；这种风格在19世纪和20世纪上半叶很常见，但后来多少有些失宠了。

"史密斯&克罗斯"这个名字反映了伦敦的蔗糖和烈酒生产的传统：他们曾经在伦敦的码头经营一家糖厂，在泰晤士河边的仓库里交易朗姆酒和其他烈酒。

如今，这个名字属于另一家著名的家族企业——海曼酿酒公司，该公司以其优质金酒闻名，品牌颇受欢迎，我们希望他们能在不久后发布更多有趣的产品。我想我应该以一个警告结束：如果你习惯了百加得白朗姆酒，那你会发现这款酒让你大吃一惊。与一瓶金铃朗姆酒相比，这就是一款原桶浓度的拉弗格，所以要小心！

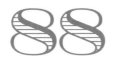

斯帕罗优级朗姆酒

（SPARROW'S PREMIUM）

品牌所有者：圣文森特酒业有限公司

产地：圣文森特

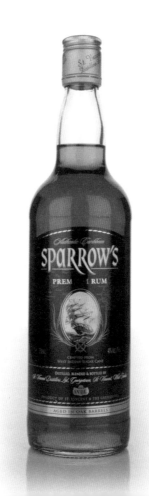

我不太清楚"优级"是什么意思。事实上，我认为没有人能懂。对于许多品牌来说，低于25英镑的零售价意味着入门级的朗姆酒。当然，斯帕罗标志性的高圆酒瓶螺旋盖具有超市自有品牌的风格和存在感，让人很难对其品质有过高期待。

　　据说，这款酒是以《加勒比海盗》系列电影中的杰克·斯帕罗船长的名字命名的，摄于圣文森特的《黑珍珠号的诅咒》是加勒比海盗系列电影的第一部作品。但时间过得可真快：我查了一下，才惊奇地发现这款酒是在2003年推出的。不过，它看起来不像授权产品，如果得到了授权，那么这款酒将会更加时髦，价格也会贵得多。

　　所以，它的名字来自一部奇幻电影中的虚构人物，这部电影讲述的是虚构的海盗，他们可能根本不喝朗姆酒。这都是为你设计的跨文化混搭。

　　不过没关系，因为圣文森特酿酒厂的酿酒大师们已经制作出了一款佳酿。以糖蜜为原料，使用传统的塔式蒸馏器（与现代多塔蒸馏相反），这款酒陈年时间长达7年。斯帕罗一开始会有一些非常辛辣的味道，但是喝起来细腻绵密，味道和价格都会超出你的期待。

　　这款酒赢得了2017年世界朗姆酒奖某一类别的冠军，这让我得出了一个结论：如果盲品的话，简易包装造成的先入为主的看法不会对人们产生影响，因此人们可以真正欣赏到斯帕罗的超高品质。然后引出了进一步的结论，这是一款高品质的朗姆酒，这也是更有鉴赏力的朗姆酒爱好者乐于见到的。

　　事实上，这款酒历史悠久，酿酒商有理由对其进行重新定位并收取真正的溢价。这家酿酒厂成立于20世纪初，当时名为本丁克山，从附近的一家糖厂获得糖蜜。多年来，这家酿酒厂几经易主，1996年以后变成一家私人拥有的独立酿酒厂，从而得以扩大生产，进行现代化运营。《加勒比海盗》给人的感觉就像一部永不消亡的电影，所以也许还会有下一个特级斯帕罗朗姆酒诞生。

圣奥宾农业白朗姆酒1819
（ST AUBIN WHITE AGRICULTURAL RUM 1819）

品牌所有者：圣奥宾

产地：毛里求斯

圣奥宾位于毛里求斯岛，自诩为"手工酿酒厂"。如果你想去看看，他们对游客是开放的，你可以参观他们的"生态博物馆"，在优雅的餐厅里吃一顿。

正如你知道的那样，毛里求斯深受法国的影响。该酿酒厂充分利用了优良的水土条件。他们说："选择优良的甘蔗品种，加上完美的野外环境以及火山土壤，从而构成了一种卓越的'风土条件'。"

自1819年以来，这里就开始种植甘蔗，尽管该公司扩大了茶叶和特种蔗糖的生产，但朗姆酒的生产才刚刚开始。如今，该酿酒厂有两组蒸馏器，一个小型的传统壶式蒸馏器，上方是一个较短的塔式蒸馏器和一个更加现代的塔式连续蒸馏器。有了这些不同的设备，酿酒厂得以生产各种各样的朗姆酒，包括陈年葡萄酒、风味陈年朗姆酒和利口酒。我从他们的各种系列中挑选出这款白色农业朗姆酒，它是从毛里求斯的纯甘蔗汁"芳烃"中蒸馏出来的。

这款白色农业朗姆酒有两种度数可供选择（40%vol和50%vol），可以说是农业朗姆酒的典型风格。正如其在标签上的自豪宣言，只有蒸馏的精华部分才能到达装瓶线，从而造就一款货真价实、味道浓烈、酒劲十足的朗姆酒。闻起来有青草、花香和蔬菜的味道，也夹杂着香草荚和小豆蔻的味道。品尝起来，农业朗姆酒典型的浓郁青草味占据上风，回味清爽辛辣，给人以温暖的感觉。

这款酒没有在木桶里陈年，因此更能给人一种干净和新鲜的感受，虽然很快就会消失。其度数高达50%vol，也可以拿来直接饮用，还会给经典鸡尾酒增添意想不到的味道。

该品牌在英国不怎么出名，但仍然可以在优秀的专业人士那里买到它。如果你想尝试这款农业朗姆酒，不到30英镑的价格可以说是物美价廉。这款朗姆酒与糖蜜朗姆酒的口味有着天壤之别，虽然它并不适合所有人的口味，但在重大国际比赛中却又备受关注。

90

圣巴思时尚朗姆酒

（ST BARTH CHIC）

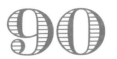

品牌所有者：圣巴思

产地：瓜德罗普岛

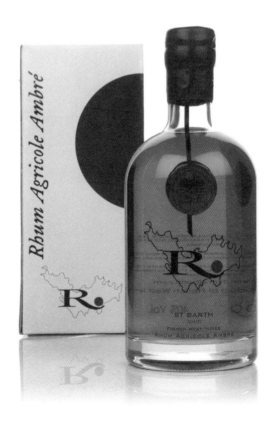

圣巴思朗姆酒来自法属加勒比海圣巴泰勒米岛，是法国国际足球运动员米卡埃尔·西尔维斯特（先后效力阿森纳和曼联，2006年法国队世界杯决赛选手）的作品。在我所知道的退役足球运动员的生活中，一定有比兜售廉价薯片更值得做的事情，所以我为米卡埃尔感到高兴，特别是这个品牌代表了他对幸福童年和家庭假期的回忆。

圣巴思系列有3款朗姆酒，但最容易买到的是这款时尚朗姆酒，一种4年的农业朗姆酒。"最容易"是相对而言的，因为每年只生产5,000瓶，我估计大部分销往法国。如果你用心的话，也可能会在英国买到一瓶。你甚至可能买到一瓶圣巴思珍品（只有2,000瓶）。要是能尝上一口这样的陈酿那该多美啊！

然而，"时尚朗姆"才是我们在此关心的。圣巴思一直都坚称这款酒品"颇受知识女性的喜爱"。为了防止你对此有任何怀疑，该公司的网站不厌其烦地声称，"波本威士忌的甜味使这款酒更容易让人接受，尤其是对女性饮酒者来说"。多么傲慢的废话啊。

我就直说了：我不明白为什么女士们应该享有特别的乐趣，反正我没有看到任何特别女性化的产品。

圣巴泰勒米岛实际上是一个相当别致的岛屿，但是经过调查，该公司种植甘蔗、蒸馏朗姆酒和装瓶的过程都是在附近的瓜德罗普岛上进行的。没有人清楚具体是哪家酿酒厂，所以从本质上讲，这是一项贴标和营销的操作。

虽然我真的不知道出自何种原因，但我一定会为这款酒叫好，因为这是一款美味经典，带有波本威士忌风味的农业朗姆酒。在一个日益透明和开放的世界保持沉默好像一记乌龙球，所以，这对米卡埃尔来说是一张红牌，即使他这款卓越的时尚朗姆酒会获得很多奖项。

该酒在英国推出时价格超过90英镑，很不明智。然而，当这本书付印的时候，这款酒便出现在了一个著名的专家网站上，价格在46英镑以下。射门，球进了！

91

圣詹姆斯富佳娜朗姆酒

（SAINT JAMES FLEUR DE CANNE）

品牌所有者：马提尼克岛集团
产地：马提尼克岛

尽管它的名字听起来像英语，但其实这是另一款产自马提尼克岛的法国特色的农业朗姆酒，来自大型集团马提尼克岛集团。显然，它起初叫作圣雅克，但在18世纪的某个时候，为了增加其在北美英属殖民地的销售额，该公司创始人、慈善兄弟会修道院院长埃德蒙德·莱费布尔神父便采用了英语化的名字。那里的市场很好，但更加讽刺的是，如今朗姆酒主要在法国销售。

　　这款富佳娜朗姆酒的酒精度数为50%vol，非常健康，完全由纯甘蔗制作而成，这赋予了其醇厚甘甜的口感，同时还散发着农业朗姆酒特有的植物气息。尽管甘蔗生长在该公司自己的种植园内，但这些种植园位于马提尼克岛更潮湿的东部，毗邻山区。这款酒只在非常干燥的季节生产，因为环境压力会使植物的根部生长得更紧密，从而产生一种其他任何方式都无法获得的特殊味道。

　　这家酿酒厂在2010年进行了现代化改造，主要采用塔式蒸馏器。正如你期待的那样，这家酿酒厂拥有来自马提尼克岛的原产地名称认证，但他们还是以一种自豪的姿态在临近的博物馆和游客中心展示其历史。他们出名的原因之一是，传说圣詹姆斯是第一个使用方瓶的烈酒，而这样做是为了避免在船舱中破裂，并在打包时尽量缩小瓶与瓶之间的距离。

　　当然，这些对你今天的饮酒乐趣没有丝毫影响。由于其酒精含量较高，我不会直接饮用，因此可以搭配棕色甘蔗糖浆和酸橙角，制作一杯简单的小潘趣酒，当然也可以用来制作一杯浓度更高的种植者园主潘趣酒。

　　然而，请注意，对于不习惯农业朗姆酒的人来说，这可能是一种后天形成的味道。我不打算重复我在网上找到的一些品酒笔记，只能说味道没那么令人称赞。

　　但不要理会这些批评：如果你能买到一些法国的富佳娜的话，那么这是一款经典的农业朗姆酒，而且价格不贵。

92

圣詹姆斯特酿1765朗姆酒

（SAINT JAMES CUVÉE 1765）

品牌所有者：马提尼克岛集团

产地：马提尼克岛

作为对比，下面介绍一款产自马提尼克岛同一家圣詹姆斯酿酒厂的成熟农业朗姆酒。虽然在英国很少见到，但其销量十分可观，在重要的法国市场上扮演着举足轻重的角色。事实上，圣詹姆斯是世界上最畅销的农业朗姆酒，长期以来一直备受好评，并出现在不少早期的鸡尾酒书籍中。

2015年，这款酒一经推出即广受好评，因为它标志着该酿酒厂成立250周年，并向所谓的原始风格和配方致敬。这款酒在法国或美国的小橡木桶中陈年至少5年，不仅具有烘烤味、烤面包味和辛辣味，并且还带有黑巧克力的苦味。因此当它在陈酿农业朗姆酒的比赛中获得金牌时，人们并没有感到意外。

特酿1765由酿酒大师米里亚姆·布雷达斯和品酒师马克·萨西尔共同创造，他们挑选了6个年份的葡萄酒，试图重现当时的风格和口味。我怀疑他们可能是在致敬前辈，因为我认为当时推出的朗姆酒并没有这么复杂，但那是我们的好运。现在的情况好多了。

事实上，在1765年，我们英国人在七年战争期间，让法国受到了重挫。而在法国国内，骇人听闻的热沃当怪兽（据说是一种类似狼的怪物）正威胁着奥弗涅和南多尔多涅，每年杀死的人多达100个。

就像许多来自马提尼克岛集团的朗姆酒一样，如果你青睐酒味更干爽、味道更辛辣的朗姆酒，那这款特酿1765的性价比就会非常高。或许是因为法国的朗姆酒市场比英国大得多，而且竞争也更激烈，更不用说法国对烈性酒的税收制度优惠得多，所以法国鱼子酱货架上的朗姆酒价格在50欧元左右，甚至更低。但该品牌告诉我，他们正在积极寻找一家英国经销商，因此未来有希望看到一些圣詹姆斯系列的朗姆酒出现在英国市场。

塔卡马卡特级黑朗姆
（TAKAMAKA EXTRA NOIR）

品牌所有者：三兄弟酿酒厂
产地：塞舌尔

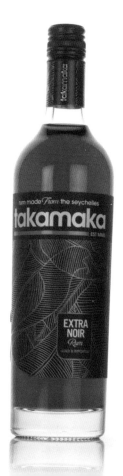

成立于2002年的三兄弟酿酒厂是塞舌尔群岛上唯一一家商业酿酒厂，所以把它们排除在外似乎有些无礼。这里也生产一种发酵的甘蔗汁饮料，当地人称之为"巴卡"，但你在群岛外找不到它。

我了解到塞舌尔群岛实际上由115个不同的岛屿组成，几乎位于印度洋的中央。这家酿酒厂位于主岛马厄岛上，由当地的奥费家族在一个古老的热带香料种植园——圣安德烈平原的旧址上建立起来。圣安德烈平原的历史可以追溯到18世纪，现在用来蒸馏当地种植的甘蔗。酒商罗伯特和戴安娜·奥弗有三个儿子，因此得名"三兄弟"，不过这家酿酒厂更广为人知的名字是塔卡马卡，取自当地的一个海湾和一种树木。

正如你所预料的，其生产规模相当小，仅有两个小型壶式蒸馏器和一个精馏塔，不过他们也生产各种不同的朗姆酒和朗姆开胃酒（酒精浓度较低）。虽然甘蔗是朗姆酒的主要原料，但其中一些糖蜜也用作生产。

这款特级黑朗姆是酿酒厂的最新产品，描述为"混合了我们3年陈年的甘蔗汁蒸馏液和糖蜜蒸馏朗姆酒"。他们坦率地承认在酒里添加了焦糖，使其具有特别深的颜色。

在当地，它的酒精度数为43%vol，但出口到其他国家的度数下降为38%vol，这种情况和其他许多产品一样。这些酒价格非常便宜，但我宁愿它们恢复到更高的酒精度数，不添加焦糖，这样我们会觉得物有所值。我认为随着市场的发展，这样做会更好。

就目前的情况来看，这是一款令人愉快的朗姆酒，但基本上不值得回味，虽然有轻微的焦糖味，但总的来说，这款酒并没有带给我特别的体验。我想，如果你在塞舌尔度假，没有什么比去酿酒厂享受一次旅行和几杯鸡尾酒更好的了。我完全支持本地企业所做的主动努力，但这款酒真的没有让我为之振奋。

94

钻石酒厂13年朗姆酒
（DIAMOND DISTILLERY 13 YEAR OLD）

品牌所有者：精品朗姆酒公司
产地：圭亚那

这是一家精品朗姆酒公司。听起来有点像精品金酒公司，不是吗？我也很喜欢那家精品威士忌公司，你想想吧，这是有原因的（感谢上帝，这不是什么巧合，否则就真让人担心了）。

他们都是同一个集团的成员，他们的任务是寻找有趣的、小包装的且不同寻常的烈酒（朗姆酒、金酒、威士忌，你能想到的各种酒），然后把它们装在半升装的瓶子里，贴上时髦的手绘标签，其中有些涉及著名的饮料行业人物。在他们偶尔无计可施的时候，甚至连我也会出现在他们的威士忌和相当美味的金酒标签上。

现在他们开了一家朗姆酒公司，我的"线人"告诉我，他们将提供一些非常特别的限量版朗姆酒，这些都是真正的朗姆酒爱好者需要了解的。即将推出的是四方和莫尼马斯克等公司的朗姆酒。但是，因为我与这两种酒有些关联，所以让我把注意力集中在这款产自圭亚那钻石酿酒厂的13年壶式蒸馏朗姆酒（酒精度数为56.1%vol）。

正如我在与埃尔多拉多、帕萨姿和伍德有关的介绍中解释的那样，钻石酿酒厂是一个非凡特殊的地方。其中最重要的，莫过于该酿酒厂是世界上最后一批木制蒸馏器的故乡。这款酒的生产采用了凡尔赛单一壶式蒸馏器。多年以来，这组单一壶式蒸馏器从原来德梅拉拉河西岸的凡尔赛，经由恩默尔和乌特夫拉格特蔗糖庄园，搬至今天的钻石酿酒厂，并一直运行至今。这是一个历史性错误，但它也是一个活生生的例子，给了我们一个强有力的暗示：我们祖先的朗姆酒到底是什么味道。

我想说的是，他们不再像这样酿制朗姆酒了。大多数情况下，他们没有，但钻石酿酒厂的人做到了，没有其他地方能像他们这样，将地理位置、传统、古老的技术和蒸馏技术完美地结合在一起，所以我们应该赞扬精品朗姆酒公司，是他们找到了这款佳酿和其他美酒。令人惊讶的是，尽管酒精度数很高，陈年时间很久，但这款酒的颜色清淡，是值得细细品尝的朗姆酒。

然而不可避免的是，这款酒供应有限，如果卖光了，不妨尝试他们的其他产品，那里会有你喜欢的东西。

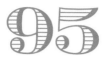

幽灵份额朗姆酒

（THE DUPPY SHARE）

品牌所有者：韦斯特伯恩饮料公司

产地：混合

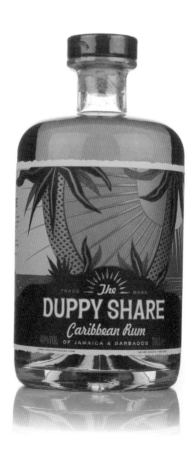

这款酒于2014年7月推出，由牙买加和巴巴多斯朗姆酒混合而成（不经过陈年），来自两家最知名、最受推崇的加勒比酿酒厂——牙买加的沃西公园庄园和巴巴多斯的四方酿酒厂。这款朗姆酒并非原酒，因为是由刚刚进入朗姆行业的公司在伦敦混合和装瓶。该公司由一个曾供职于纯真饮料的团队创建。味道好香啊！

显然，幽灵是酿酒厂天使的远亲，天使们占用了苏格兰最好的葡萄酒。这些邪恶的幽灵来自牙买加，在加勒比群岛之间飞来飞去，偷走了熟成朗姆酒的最好的部分，同时还会做其他恶作剧。

据说幽灵们是"擅长混合艺术的烈酒大师"，只选用最好的朗姆酒，至少网站上是这么说的，所以这肯定是毫无疑问的。

但如果这款酒是他们的选择，那我想他们今天可能有点不开心。这并不是说朗姆酒很难喝，而是它不是你能找到的最柔和、最微妙、最复杂的朗姆酒。

话虽如此，如果你想要给最喜欢的朗姆酒鸡尾酒增添一些厚重和辛辣的味道，那么这款朗姆酒或许可以满足你的要求，尽管还有其他价格更有竞争力且不那么辛辣的朗姆酒。在我看来，这款酒的牙买加风味更浓郁，这使得混合的味道有些不平衡。也许这就是幽灵淘气的一面。

老实说，它的价格也不是贵到离谱的程度，在花上整整30英镑之前，不妨先尝尝他们提供的200毫升小样品。而且，值得称道的是，他们没有在酒精度数上玩什么花样，这款酒的度数为标准的40%vol。我应该补充一点，如果你在乎标签这样的东西，那么这个标签是令人愉快的，有着与众不同的地方。

伊恩·弗莱明在牙买加有一间非常喜欢的房子（黄金眼，同时也是电影标题），他在第二部小说《生与死》（1954年）中简要地提到了幽灵，这部小说的大部分内容都是在这座房子内完成的。

事实上，我想这就是我想说的。

96

蒂兰比克 151 超标朗姆酒
（TILAMBIC 151 OVERPROOF）

品牌所有者：蒂兰比克朗姆酒有限公司
产地：毛里求斯

这是另一款你可能要考虑的超标朗姆酒。但是，除了151超标的浓度（根据英国首席医疗官的指导方针，这瓶酒的酒精含度数为75.5%vol，相当于53个英制单位，酒劲可持续近一个月）之外，还有更多的东西值得你流泪。

"蒂兰比克"显然是当地克里奥尔语的名字，意思是月光，以及村民最初用来制作朗姆酒（供家庭成员饮用）的小型壶式蒸馏器。然而，正如标签所示，一切都变了。如今，有着浪漫名字的国际酿酒（毛里求斯）有限公司[1]经营着一个30英尺高的塔式蒸馏器，蒸馏时仍使用糖蜜作为酒精的基础，实际上这款酒并没有在毛里求斯销售，似乎专供英国市场。

接下来，事情就变得有趣了。令人惊讶的是，这确实是一款陈酿朗姆酒。根据酿酒厂的说法，不只是几周、几个月，甚至一两年，而是"长达7年"。这真的很不寻常，同时也使得这家毛里求斯大公司从众多公司中脱颖而出。锦上添花的是，它没有经过冷藏过滤，也没有添加糖或色素，所以你品尝的是一个完全纯净的产品，且味道正宗，这种正宗的味道来自朗姆酒和曾盛装过波本威士忌的美国橡木桶的相互作用。而且，他们在仓库采取了控温措施，从而造就出一款颜色金黄、芳香宜人（一旦最初的酒精蒸汽蒸发）、味道醇厚、超出预期的朗姆酒。

我做了个试验，在玻璃杯装了少量朗姆酒并搁置几天，结果是我的办公室充满了怡人的水果香味，朗姆酒本身也变得格外美味。

当然，绝不能多饮。如果那样做了，可能对自己造成更严重的伤害。你可以选择稀释后的朗姆酒，加入冰块，让冰块发挥作用，或者在鸡尾酒中加入朗姆酒。

听起来像是一个滔滔不绝谈论健康和安全的煞风景话题，但请做到一杯就好。那样，一瓶可以喝上一个月，当然更久也无妨。

---

1 International Distillers（Mauritius）Ltd.，该公司的历史可追溯到 20 世纪 60 年代。

三河海洋之蓝朗姆酒

（TROIS RIVIÉRES CUVÉE DE L'OCÉAN）

品牌所有者：贝隆尼和布迪隆继承人

产地：马提尼克岛

和其他许多酒厂一样，马提尼克岛著名的三河酿酒厂也是在一个甘蔗种植园的原址上建立起来的。那里的烈酒生产史可以追溯到18世纪80年代，不过直到1905年才算真正开始。自1980年开始广泛销售以来，这家酿酒厂在农业朗姆酒爱好者当中的声誉日渐增长。与此同时，由于购买了第二个塔式蒸馏器，其生产规模也得以扩大。今天，蒸馏法遵循原产地生产规则。

虽然三河酿酒厂的生产于2004年由新业主迁往里维耶尔-皮莱，但原有的珍贵的塔式蒸馏器已在新地盘完成重建，并继续运作。这里提供的朗姆酒品种相当丰富，包括可以追溯到1953年的稀有朗姆酒。

值得关注的是，一个因为相对适中的价格而闻名于世的苏格兰威士忌单一麦芽酿酒厂，推出了一款1953年陈酿，价格略低于9,000英镑（顺便说一下，大概是一辆全新的福特Ka+的售价）。而如果你足够幸运，就可以用不到1,500英镑的价格买到一款1953年的"三河海洋"。要是这本书卖得不错，我会认真考虑花钱买上一瓶。

然而，他们所推出的大部分产品都比较便宜，你可以用买福特油箱的钱买到这款非常有趣的海洋之蓝。它以生长在马提尼克岛南海岸附近田野里的甘蔗为生产原料，生产出来的朗姆酒具有淡淡的咸味，当然没有经过陈年。据说甘蔗生长在富含镁元素的土壤中，因此含糖量很高，而它们的根则"在海水中沐浴"。

与另一款来自小岛的圣詹姆斯富佳娜朗姆酒一样，这款酒体轻盈的朗姆酒非常适合制作经典的小潘趣酒。潘趣酒是最简单的饮料，只需要朗姆酒、酸橙和一些糖，它有效地证明了一句老话：少即是多。

略咸的味道给人一种挑逗的模糊感，其味道醇厚绵长，足以让鉴赏家在轻松喝下的同时享受其中。由于海洋之蓝的酒精度数为42%vol，所以酒劲更足。如果这还不够，该酿酒厂也提供50%vol和55%vol酒精度数的白朗姆。

沃森的德梅拉拉和拖网渔船朗姆酒
（WATSON'S DEMERARA AND TRAWLER RUMS）

品牌所有者：伊恩·麦克劳德酿酒厂
产地：圭亚那/混合

让我们一起来看看这两款酒（把它想象成超市里的赠品，意思是"买一送一"），因为这是20世纪的朗姆酒，而且在苏格兰以外很难买到。但继续读下去……

我年轻时的苏格兰（就在20世纪），在利斯那些不太卫生的地方（别问我在那里做什么），随处可见被丢弃的四分之一瓶沃森的德梅拉拉或拖网渔船朗姆酒。我并不是说朗姆酒是一种低档饮料，但我无法想象格伦伊格尔斯或北英酒店（20世纪被称为巴尔莫勒尔酒店）会提供这么多朗姆酒。

不过，当我们还拥有一支渔船队的时候，在苏格兰东海岸渔村小镇的酒吧里，朗姆酒确实很受欢迎，而且在家里饮用时，当它们被作为朗姆酒以及生活中的一点小趣味端上来时也很受老太太们的喜爱。顺便说一下，那是含酒精的薄荷甜酒，不是什么有名的可乐饮品。如果你想试试，那就试试吧，最好把它想象成后天形成的口味，且主要是老太太们喝的。

但不要因为这些品牌的历史而看不起它们。尽量忽略掉其简陋的包装（您可以认为它是具有讽刺意味的复古风格）。请记住，在胡子和文身成为时尚圈的风尚之前，有胡子和文身的人早就喝这种酒了。然后再来看看价格，20英镑不到，物美价廉。

这两款朗姆酒虽不是最复杂的朗姆酒，但是比你想象的要好很多，值得更好的推广和销售。

在风格上，拖网渔船朗姆酒甜味更少，稍微有点苦涩，对此人们意见不一。它是圭亚那和巴巴多斯朗姆酒的混合，而德梅拉拉朗姆酒是纯圭亚那朗姆酒。就我个人而言，这两款酒中我更喜欢德梅拉拉，如果你细细品味的话，虽然有点甜，但口感醇厚绵长。试试吧，可能会有惊喜。

99

伍德老海军朗姆酒
（WOOD'S OLD NAVY RUM）

品牌所有者：格兰特父子洋酒公司
产地：圭亚那

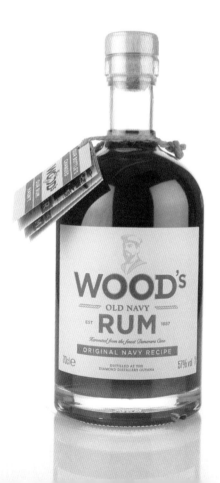

这款酒瓶身大，包装显眼，物美价廉，还有什么不喜欢的道理？首先是新包装。这个深受人们喜爱的老品牌在2016年4月进行了大改造。显然，他们的目标是让伍德的瓶子和包装更高档、更具标志性和记忆点。其营销用语是：你不喜欢吗？

作为主要客户的老水手们当然注意到了这一点，并很快就适应了它的新包装。"看起来像山寨货"，这是比较温和的评论之一，希望他们不要受到太多影响。也许它会吸引霍克斯顿的潮人，尽管我对此表示怀疑。

但里面的酒品依然是原汁原味，绝对美味，即使喝上一点点，回味也能持续很长时间。这是遵循皇家海军传统酿制的老式朗姆酒。如果我是一艘"肮脏的英国沿海航船（有盐饼状的大烟囱）的船长，在疯狂的三月里颠簸着穿过英吉利海峡"，那我想要一箱这样的酒，以及一条绞盘原味海切烟草。这款酒劲十足、味道浓郁、带来强烈感官刺激的朗姆酒也正是我所需要的。

我想这就是史蒂文森小说中的独腿富翁——高个子约翰·西尔弗会喝的酒，尤其当他刚挖出一箱浸满鲜血的达布隆金币时。所以，让我们明确一点：我们并不是在关注微妙之处，但我承认从第一口就爱上了它（嗯，也可能是第二口；第一口让我大吃一惊，因为我没有注意到57%vol的酒精度数，喝得猛了些）。它散发着黑砂糖、太妃糖和丁香的味道。放心，这种黑是纯天然的黑，没有添加色素。价格在25英镑左右，你绝对不会买错。

这款伍德朗姆酒现在归格兰特父子洋酒公司所有（我曾在介绍水手杰瑞朗姆酒时提到过他们），依据原始的海军配方，使用一个有250年历史的木质壶式蒸馏器进行蒸馏，产地是圭亚那。我可以告诉你的是，现在库存已经不多了。

但也许那些霍克斯顿的潮人会喜欢这款酒。我个人可以保证，这会让他们变得更加粗犷豪放。

100

萨凯帕23朗姆酒
（ZACAPA 23）

品牌所有者：危地马拉酒业公司

产地：危地马拉

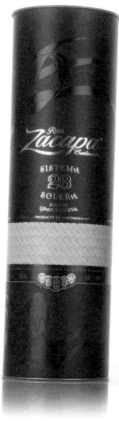
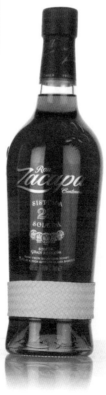

如果你想知道的话，萨凯帕是危地马拉东部的一个小镇，瓶子底部的稻草环是传统的棕榈席，一种手工编织的棕榈垫，用于床上用品和帽子生产。说完这些，我们可以开始聊朗姆酒了。

　　酒瓶上粗体的23非常容易让人误以为是朗姆酒的年份。如果你习惯了苏格兰威士忌，那么在看到这个大数字时，你会认为它表示年份，但据我们所知（如果你也留心了），朗姆酒的工作原理并不完全是那样的。

　　自从全球巨头帝亚吉欧接手萨凯帕的销售，"23 Años"的字样已经被悄悄删除掉了，取而代之的是"索莱拉系统"。这样做不仅更加开诚布公，也向我们展示了这款佳酿有趣的一面。

　　这款酒的背后有一个相当复杂的蒸馏和熟成机制：首先，将新鲜压榨的甘蔗汁在糖厂就地蒸馏，也就是标签上所说的"纯甘蔗"。然后搬到一个位于危地马拉的高地（海拔约2300米）进行混合，这里的气候更稳定，温度更低，朗姆酒熟成的速度会更慢。这就是"云顶之屋"，你会注意到他们喜欢浪漫的说法。

　　接着，朗姆酒会越来越醇厚，因为在其索莱拉系统中使用了4种不同类型的酒桶，然后是一个巨大的混合酒桶，将年份在6—23年之间的朗姆酒混合在一起一年，之后朗姆酒会变甜，然后装瓶。

　　在你花上50英镑之前，你想知道的是：这值得吗？

　　很多学识渊博的人都认为值得。萨凯帕23获得了许多奖项，并广受业内人士的好评。当然，你可以把它混合后再饮用，但考虑到我的钱袋子，这酒适合细品。

　　该公司给出了建议，"在有着厚实底座的豪华岩杯里加入纯净的大冰块，此时这款朗姆酒的味道最佳"。如果你觉得这过于具体，我想任何旧玻璃杯都可以。我不会说出去的。

101

萨凯帕黑朗姆酒
（ZACAPA EDICIÓN NEGRA）

品牌所有者：危地马拉酒业公司
产地：危地马拉

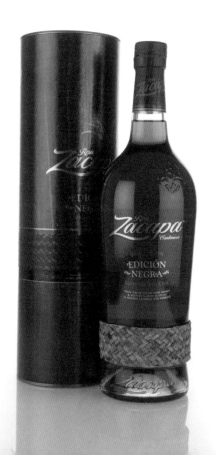

很明显，有人计划在艾雷岛上建一个朗姆酒酿酒厂。你知道，就是赫布里底群岛，那里生产泥煤味威士忌。在写这篇文章的时候，我没有更多的细节可以透露，但是你现在或许可以在网上找到一些东西。

我之所以会想起这些，是因为这种不同寻常的朗姆酒给我的印象是：如果喜欢喝苏摩克单一麦芽威士忌的人想要尝试一款比来自苏格兰西海岸的泥煤味威士忌更细腻的朗姆酒，那么这款酒可能会受到他们的青睐。因为这是一款带有烟熏味的朗姆酒。

这款酒最初在免税市场出售（也就是大多数寻常百姓会去的机场和码头），但现在更普遍了。

如果你读过前一页，你就会明白萨凯帕是甜型朗姆酒，但这款酒与众不同，甜味已经明显减少，许多饮酒者会对此表示欢迎。

其诀窍就是把已经很美味的普通萨凯帕放在双面烘烤的美国橡木桶里陈年，从而造就出一款浓度更高，具有轻微的苦味、黑糖、黑巧克力、林烟和辛辣香料等味道的朗姆酒。据说5年的资深业内人士——酿酒大师洛雷纳·瓦斯奎兹受到了危地马拉自然环境和火山暗火的启发，而我不禁想到其品牌合作伙伴帝亚吉欧已经推出了类似的几种单一麦芽威士忌。

这对任何朗姆酒投资组合都是一个很好的补充。虽然其零售价格颇高，但我仍要极力推荐。这款酒在免税店的价格为70英镑，值得购买。如果你喜欢轻微的烟熏味和强烈的味道，那就买一瓶吧。

此外，萨凯帕系列的另外两款产品：萨凯帕xo和萨凯帕皇家，价格稍贵，而且大部分仅在免税店销售，但是值得购买。

致　谢

Along with the dream team of Judy Moir (agent) and Neville Moir (publisher), I dreamt up this book over a glass of hot malted milk (and if you believe that…). So it's their fault. Judy eventually put the deal together with her customary imperturbable charm, tact and attention to detail.

Very special thanks to Ben Ellefsen, Anna Grant and their colleagues at the Master of Malt website, who have kindly helped out by providing many of the illustrations (all copyrights are acknowledged).

The vintage labels and other illustrations on pages 6, 8, 11, 13, 14, 17, 18- 19 and 223 appear courtesy of The Scotch Whisky Archive. All Rights Reserved.

Teresa Monachino of Studio Monachino turned the whole thing into this good looking book.

Quite a few companies generously provided samples and will, I hope, be happy to see their brands appearing here. However – and here's a top tip – I also bought (*bought*, please note) a considerable number of tasting samples from the Master of Malt website, where 3 cl mini bottles of many fine spirits are available at reasonable cost (other tasting services are available). When I wasn't quite sure about a particular entry this enabled me to make a quick evaluation and avoid the embarrassment of soliciting a sample only to reject it for inclusion (one so hates upsetting PR folk). It also greatly hastened the process of writing this book. I hope that you like it.

ALL WHO
LIQUID SUNSHINE
PROCLAIM IT
THE
FINEST RUM.
STRENGTHENING, CHEERING, COMFORTING.

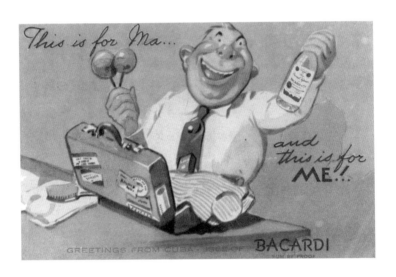